建筑室内设计分析图表达

何浩　编著

中国水利水电出版社
www.waterpub.com.cn
·北京·

内 容 提 要

室内设计的核心是解决空间的实用功能，并提升环境的审美需求，其过程贯穿着客观逻辑上的分析联系和主观感性上的艺术表现，逻辑性强的分析图在室内设计过程中能够有效解决问题。本书内容包括分析图概述、建筑室内设计分析图概述、建筑室内设计分析图表达、建筑室内设计分析图案例解析四部分。使用大量国内外优秀设计案例做支撑，详细讲述分析图的价值、类别与表现手法；同时通过梳理，使设计师充分认识和了解分析图的功能和作用，最终成为其进行设计的有效工具。

图书在版编目（ＣＩＰ）数据

建筑室内设计分析图表达 / 何浩编著. －－ 北京：
中国水利水电出版社，2017.2
ISBN 978-7-5170-5215-9

Ⅰ．①建… Ⅱ．①何… Ⅲ．①室内装饰设计－建筑制
图 Ⅳ．①TU238

中国版本图书馆CIP数据核字(2017)第039704号

书　　名	建筑室内设计分析图表达
作　　者	何　浩　编著
出版发行	中国水利水电出版社
	（北京市海淀区玉渊潭南路1号D座　100038）
	网址：www.waterpub.com.cn
	E-mail：sales@waterpub.com.cn
	电话：（010）68367658（营销中心）
经　　售	北京科水图书销售中心（零售）
	电话：（010）88383994、63202643、68545874
	全国各地新华书店和相关出版物销售网点
排　　版	北京时代澄宇科技有限公司
印　　刷	北京博图彩色印刷有限公司
规　　格	210mm×285mm　16开本　12.25印张　253千字
版　　次	2017年2月第1版　2017年2月第1次印刷
印　　数	0001—3000册
定　　价	60.00元

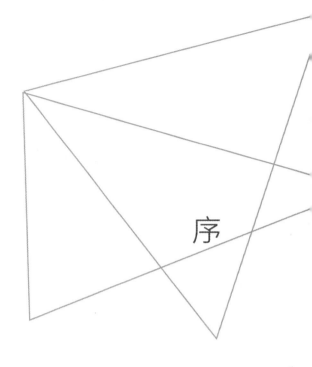

序

何浩老师过去曾经做过我的学生，最近他也开始著书立说，并请我为之新书《建筑室内设计分析图表达》作序。关于这个话题有许多感受，也有一点想写的冲动。但我一直觉得这个问题其实并不是大家习惯认为的那样简单、明确，它涉及到的好像是设计语言的自辩问题，是个必须严肃对待、正襟危坐，再娓娓道来的事情……虽最终共处于同一空间体系，在工程衔接方面也有着必要性的要求，但是建筑设计的思维模式和室内设计之间的差异还是显而易见的。思维模式的差异，决定或带动了它们彼此的工作方法和表现形式的差别。但建筑设计和室内设计乃至所有门类的艺术设计，毕竟都有图形思维的属性，因此贯穿于这些设计活动的整个过程都有着图形的影子。可以说，图形是这些设计成果的主体，创造、生成图形也是设计工作的目的。于是在设计过程中会成就一系列的图形，其中一些属于线索、一些属于对线索的追踪，一些是演绎和升华，最终生成的是图形思维和逻辑思维相混合的思想模型。所以每一个环节中好像图形思维占据着主导，而整体看去环节与环节之间又体现了逻辑。我所描述的只是一个通用版的设计思维结构，或许只是适用于绝大多数中规中矩的设计庸才。而对于那些伟大的人物和伟大的设计来说，又偏偏都是另辟蹊径之作，甚至是偏执性的行动所致的结果。我在 26 年前开始教授建筑设计，一直在归纳图形思维和逻辑思维之间的关系。曾经一度自认为已经寻找到了潜藏的铁律，颇有几分得意，但不久随着见识的增长就知趣地放弃了。我宁愿把自己置于一个摇摆的边缘状态，因为没有自信为这种事物来进行定义。我们过去常常提及黑箱，用它来比喻不可描述的创造性思维。其实设计思维就是黑箱之中的一只包袱，里边装的什么呢？只有等包袱抖出来你才会恍然大悟。并且针对同一个问题，不同的设计者抖落的内容大相径庭。而我们给予掌声和赞叹的，又往往是那些出格但又合理的解决方案。我想这就是设计思维的批判性所决定的，设计结果的宿命。

分析图也有两类，一类是设计者在工作中自然流露出来的图形痕迹，它们对别人而言几乎就是密码，就是天书，毫无逻辑可言。因为它们只是一个记录，是对创造主体而言的，并不强调表达。另一类则是对结果的解释，好像数学中的验算过程，发挥着让审查者、旁观者接受、理解的效用。我以为第一类的分析图是文献，它更接近于思想的真实形态。它还更像艺术，具有偶然性、不可复制性、不完整性，几乎就是生命状态的写照。另一类分析图则更像是义正严辞的声明，通过精确的对应，详细的引导和牵强的附会以谋取业主及同行的附和。但是大家千万不要以为我在诋毁这一类分析图，其实这才是设计师的基本功，它们用实用主义原则、社会关怀、环境伦理等等契约证明了设计的原则。更重要的是，这些是通过教育可以达到的能力。我认为读者不妨以两种心态来阅读这本书，一种是为参考、借鉴，作为启发自己的线索；另一种是学习，并通过应用去掌握。

苏 丹

2016 年 7 月 12 日晚

前言

　　在艺术设计领域，分析图的绘制与表现是设计工作的重要组成部分。分析图常被用于描述设计前期的调研内容，解析设计概念的生成过程，以及说明设计完成后的功能、格局等。在国外，建筑设计、景观设计领域中的分析图绘制与表现已趋于成熟，室内设计行业也越来越重视它。从设计理念的演化分析到方案确定后的功能分析，分析图表现形式各异，而内容则条理清晰，思路严密（图 0 -1、图 0 - 2)。但在国内，分析图却总是被人们忽略，很多高校的艺术设计专业教学和设计企业并不重视它，仅把设计重点放在最终效果图和设计成果上。更有甚者，在设计完成后，牵强地描绘一些无信息、无关联的图纸添加在最终图纸中，营造一种设计逻辑缜密的表象。这种只重视结果不注重过程的设计方式，不得不说是行业内的一种损失。因为，优秀的设计能解决问题，而解决问题的基础是发现和分析问题，整个设计过程需要严密的逻辑推导，分析图正是进行设计推导的重要手段。

　　本书以分析图概述、建筑室内设计分析图概述、建筑室内设计分析图表达、建筑室内设计分析图案例解析四个部分系统、详细讲

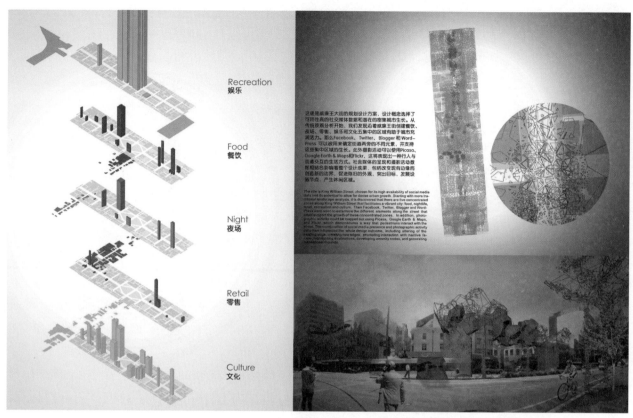

（a）分析图一目了然地表现了5个规划分区　　　　　　　　　（b）分析图呈现了交互性的设计主题

图 0-1　威廉王大街的景观规划设计分析图（图片来源：http://tickleblog.com.au）

解了分析图在建筑室内设计领域的意义和作用，并辅以实例剖析。

感谢我的研究生导师清华大学美术学院副院长苏丹教授为本书作序并提出宝贵的修改意见，感谢杨云昭先生和王晨雅女士为本书提供的图表作品，以及杨云昭先生为本书所做的大量作品翻译工作，感谢中国水利水电出版社的李亮先生为该书的出版所给予的热心支持！

何　浩

2016 年 10 月

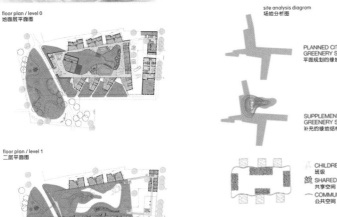

A KINDERGARTEN to be located in RIGA, LATVIA
拉脱维亚里加幼儿园设计方案

Latvian architectural practice ARHIS has submitted a competition proposal for a kindergarten to be located in riga, latvia. classroom spaces wrap around a large park providing children with a constant visual and physical connection to nature. Subdivided for different learning and play activities for children of various ages, the greenspace also connects to the nearby urban park system, allowing it to be opened and closed to maintain safety for children.
A swimming pool, assembly hall and sports facility are placed along an operable glass facade at the boundary of the exterior courtyard generating views of the vegetation and dynamic environment. The sizes of different classroom volumes are adjusted and personalized to accommodate students of different age levels and enhancethe learning process.

拉脱维亚的ARHIS建筑设计事务所设计了一所位于拉脱维亚里加的幼儿园，幼儿园中教室空间环绕的大型公园为儿童提供自然恒定的视觉和物理连接。针对不同年龄段的孩子设计了不同的空间；绿色空间环绕建筑，将院落与城市公共空间相连。公园既可以为孩子们所用，也可以为公众所用。
一个可操作的玻璃幕墙被放置在动态环境中的边界上。区分室内游泳池、礼堂和外部庭院中的体育设施。教室的大小可以调整和个性化处理，以适应不同年龄层次的学生，由此增强了儿童的学习过程。

floor plan / level 0
地面层平面图

floor plan / level 1
二层平面图

site analysis diagram
场地分析图

PLANNED CITY GREENERY STRUCTURE
平面规划的绿地结构

SUPPLEMENTED GREENERY STRUCTURE
补充的绿地结构

CHILDREN GROUPS
班级
SHARED SPACE
共享空间
COMMUNICATION
公共空间

SHARED SPACE
共享空间
TRANSPARENCY ORIENTATION
通透方向

OUTDOOR SPACE IN 3 DIMENSIONS
3种尺度的户外空间

PUBLIC FLOWS
公众交通流线
KINDERGARTEN ENTRANCE
幼儿园入口

KINDERGARTEN CHILDREN
幼儿园的儿童
CITY CHILDREN
城市中的其它儿童

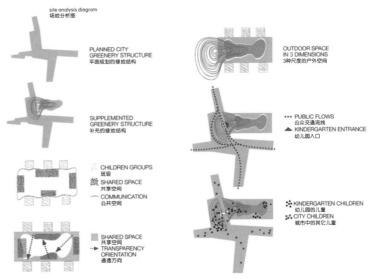

site organization diagram
场地交通流线图

PUBLIC SPACE ORGANIZATION SCHEME
公共空间编织方案

LEGEND 图例
—— PLOT BORDERLINE 地块边界
→ PEDESTRIAN FLOWS 行人流线
→ DELIVERY AND STAFF TRANSPORT 货物运输路径
▪▪▪ TEMPORARY PARKING 临时停车场

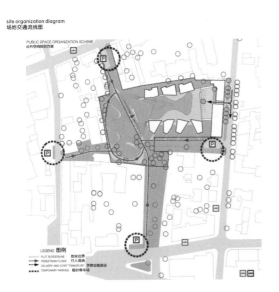

circulation diagram
分区图

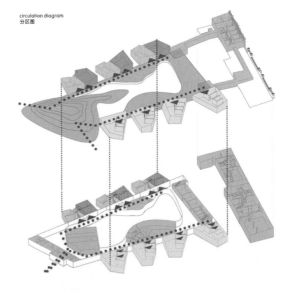

site overview
场地外观

play area for children
儿童游乐区

outdoor courtyard
户外庭院

cafeteria
自助餐厅

Pool
室内游泳池

图 0-2　拉脱维亚里加幼儿园设计方案　（图片来源：http://architects-mall.blog.163.com）

序

前言

第1章 分析图概述

第2章 建筑室内设计分析图概述

第3章 建筑室内设计分析图表达

目录

第 1 章　分析图概述

1.1 分析图的定义与作用

1.1.1 分析图的定义

　　将内容较为复杂的一件事物、一种现象或者一个概念视为整体，拆分其为各个部分、方面和层次，找出这些部分的本质属性和彼此之间的关系，并分别用图解的方式加以考察和说明，所绘制的图像，称为分析图（analysis diagram）。其核心为"图解"（graphic solution），即用图表的方式对问题分门别类加以解析，因此分析图适用于各专业领域。在物理学、经济学、管理学等学科领域，多借助分析图进行推导和演算，力学分析图、人事关系图、结构分析图、因果分析图等不同名称和功能的图表从不同角度有效地帮助人们理清思路并解决问题（图 1-1～图 1-3）。

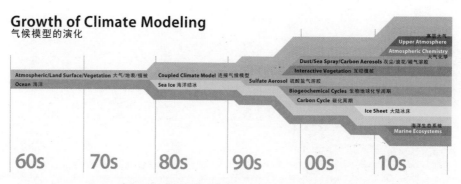

图 1-1　气候模型演化图（图片来源：http://www.altruistparty.org）
　　在气象学中，气候模型演化图是一种常用的分析图表，它多以时间为依据表述各模型的发展趋势与关系。图中从视觉设计层面分析，可以看出其构成与色调搭配合理，形式感别具一格，形成了直观且美观的图表。

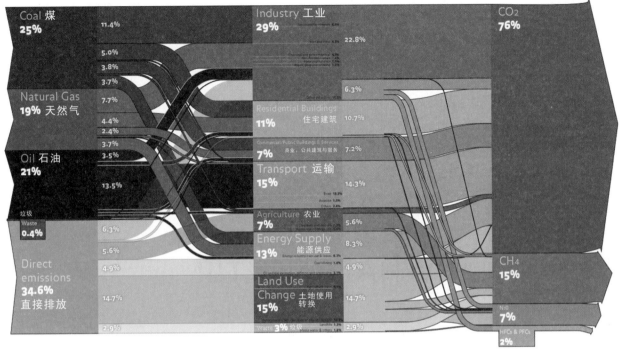

图 1-2　能源与环境学 2010 年全球温室气体排放流程图
（图片来源：http://tcktcktck.org）

图中作者对不同能源的使用量及使用领域的数据进行归纳，用带状形式呈现，并以不同颜色区分，使读者能够迅速解读出各种信息，比较出其中的差异。

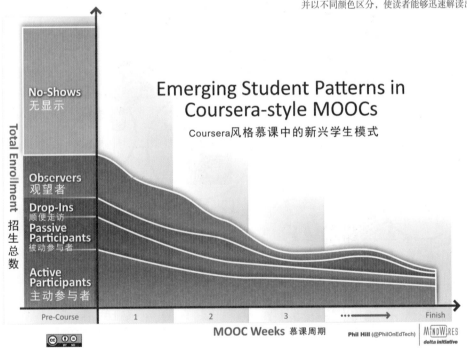

图 1-3　慕课教育分析图表（图片来源：http://edc15.education.ed.ac.uk）

图中四条曲线展示出四类学生学习慕课的状况，随着时间的推移，学习人数呈递减趋势。线条平面化处理为色块，四个阶段的区域用渐变色处理，使读者能辨认出不同阶段人数递减的差异。

建 筑 室 内 设 计 分 析 图 表 达

分析问题不只限于使用图像和表格，语言、文字、数字等也是常见的形式（图 1-4、图 1-5）。当今社会已经进入了以图像为中心的视觉文化时代，电影、电视、绘画、摄影、广告、设计、动漫、网络、游戏、多媒体等所包罗的巨量信息推动社会进入到读图时代。人的大脑在解读信息过程中，对于文字的处理需要经过解码（即对词语、句子、段落的含义进行组织搭配），虽用时短暂，但与处理图像相比，还是需要消耗更多脑力。坎德利斯（David Mc Candless）在 TED 的演讲中曾说："视觉化的信息有着某种魔力。它对信息的阐释毫不费力，逐字逐句涌入你的大脑。想象一下，你正穿梭在密密麻麻的信息丛林间，突然碰到赏心悦目的图表或简单明了的可视化数据，就像在密林中邂逅了一方空旷的天地，真是个巨大的解脱！"图形图像较之于语言文字或数字公式更加直观且更具张力，针对内容复杂多变的事物，更能简洁、清晰地传达信息。

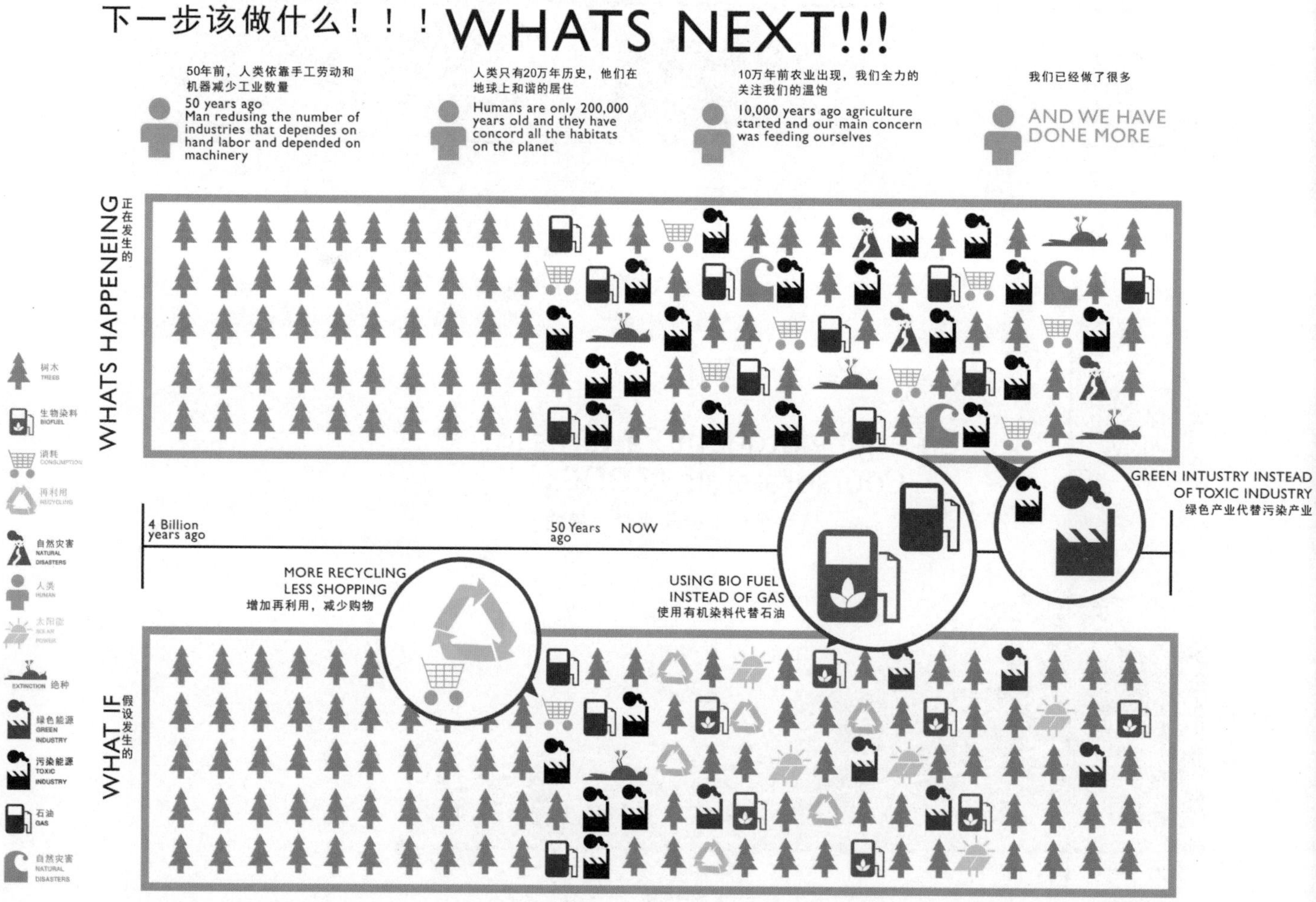

图 1-4　环保主题分析图表（图片来源：roudhadimples.wordpress.com）

创作灵感源于两部电影——《家园》（Home）和《原料的故事》（The Story of Stuff），前者是环保主题的影片，后者是反消费主义和物质主义的视频。图中，设计者将树木、能源、产业、自然灾害等元素图形化，并以时间为轴心表现其变化，使读者一目了然。此图的特点在于可视化的图形处理，形态和色彩被合理设计以准确地传达信息。

建 | 筑 | 室 | 内 | 设 | 计 | 分 | 析 | 图 | 表 | 达

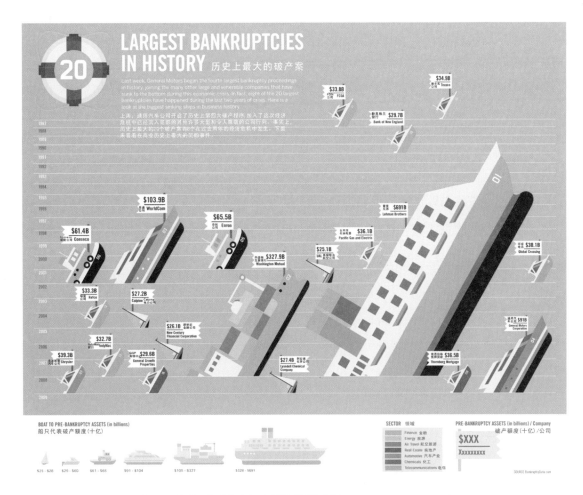

图 1-5　金融业中破产企业示意图（图片来源：http://awesome.good.is）

　　图中使用沉船图案形象地表现企业破产，并利用不同体量的船只形象生动地表现资金额度，左上角的标识用救生圈形象加数字"20"表示 20 年，幽默风趣；蓝色的图底表现海洋；时间节点与沉船用横线连接，表现海平面。此分析图不但信息准确，而且极具趣味性。

1.1.2　分析图的作用

　　从前述的内容可知，分析图的核心作用是帮助人们迅捷有效地理解事物，并解决问题和传播信息。具体而言，可以把其更为详细地分解为以下作用：

　　（1）传达迅速，易于理解。图形是一种无国界的语言，是无障碍的沟通工具。一幅完美的分析图能做到没有任何文字同时又能被读者充分理解。在信息爆炸的数据时代，巨量信息充斥，如何准确迅速地获取有用信息，成为人们追求的目标，效率至上促使图形传播信息的方式飞速发展。美国社会化媒体战略顾问、演说家及作家杰伊·贝尔（Jay Baer）说："在过去那些我们习惯用卷册书页和长篇文字来分享信息的时代里，时间，不是问题。"但是，现代社会"迫于时间压力，精简的传播越来越重要"，分析图则能更加简洁、快速、准确地传递信息，帮助人们理解问题，有效提高效率。

（2）吸引注意，产生共鸣。庞大的信息量使人们时常与自己真正需要的信息擦肩而过，表述某一事物，冗长的文字已无法让阅读者持续关注，图文并茂则更具吸引力。直观表现的分析图易于抓住阅读者的眼球，吸引其注意。这犹如大型户外广告，图像比文字更具吸引力，并且优秀的广告总是让人产生莞尔一笑或怦然心动的共鸣。

（3）逻辑清晰，印象深刻。在信息时代，互联网的发展使人们产生了一种新的处理资讯的行为模式——持续性部分关注，即人们通过不同渠道最大化地获取信息，但是获取的信息巨量却广泛而粗浅，形成"注意力碎片"。此源于人们总是喜欢关注与众不同的事物和标新立异的信息，且不求甚解，从而缺乏深刻印象，获得的信息如过眼云烟。所以通过使用可视化和富于逻辑性的分析图来传播信息，可以整合受众的注意力碎片，使人认识准确而记忆深刻。

（4）分享便捷，利于传播。对于信息的传播性，语言和图像分别代表了听觉和视觉两种途径且具有领导地位。两者相比，图像由于无国界差别而更具优势。与此同时，互联网时代衍生的网页、博客、微信等平台在电脑、手机等工具的传播下，使图像的共享分享性比文字更加便捷。在各种图形图像中，分析图又以其自身的内容丰富性使传播更具价值，特别是在网络媒体下的"140字"体系中，简洁丰富、易于理解的图表更易被大众所接受。

1.2　分析图与信息图

信息图（information graphic，简称 infographic）是一种将数据与信息结合起来并经由一定设计处理的图片或者表格。其最初使用于媒体中，报纸及新闻类杂志的设计编辑部门将以信息图片为主的新闻形式称为图解新闻。"图解"这一概念在媒体界又被解读为为了充分利用信息，而将图像进行功能性整理的过程。而信息图则是在符合新闻报道要求的同时，为使读者产生新奇并继续阅读而反复推敲信息格局等视觉表现效果合理性的图表。因此，在媒体中人们常常会运用符合各种文化习惯的比喻手法来制作信息图，以不同形式进行表达，以期与读者视角一致，从而使信息得以高效传播。

信息图的英文直译为信息图表，它包含英文中五个单词的内容，分别是 diagram、graphic、chart、map、pictogram。前三个词都有图表的含义但又侧重不同，其中 diagram 强调图解，即运用插图对事物进行说明；graphic 注重统计，即运用数值来表现变化趋势或进行比较；chart 则更多表达出表格（table）的含义，即运用具有纵向和横向坐标的表格来比较其中的数据，阐明事物的相互关系。后两个单词则分别翻译为地图和图形符号。由于分析图在英文中被称为 analysis diagram，直译为"分析图解"，因此从英文的字面意义上，可以把信息图和分析图两者看做是包含关系，即信息图包含分析图，只是分析图不是单纯的图解（diagram），而是注重经由分析（analysis）的图解。从语义角度看，分析图也并非只有图解（diagram）一种形式，它也包含了上述提及的统计图、表格等，即只要能用于分析事物，无论何种形式的图像图形，都可以使用，都可以称为分析图。

由此可见，分析图和信息图的主要区别在于：前者注重分析，我们可将此理解为一种过程，一张图像中可呈现多个步骤、阶段、层级等过程，也可以一个步骤一张图，多图叠加组成过程，其重点仍在于对事物的分类拆解和逻辑推理上。后者侧重信息，即内容，数据、形态、色彩等不同元素代表不同信息融入图像中，以呈现出不同功能和含义，此中有分析、罗列、整合、交叠等各种形式，其核心在于内容的完整性、丰富性和功能性。因此，信息图包罗的内容相对来说更加广泛（图1-6、图1-7）。

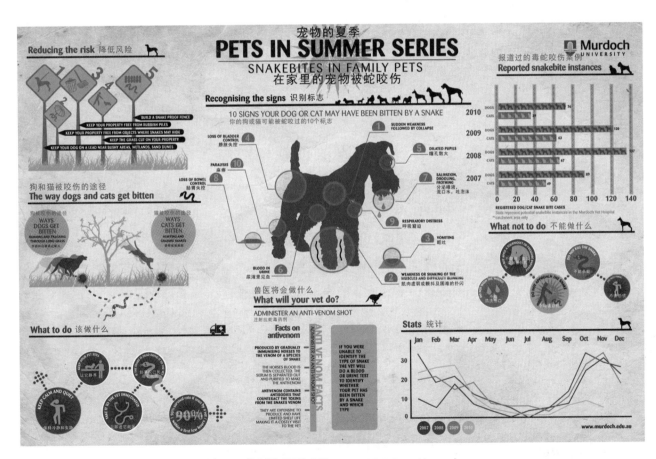

图 1-6　信息图（图片来源：http://dailyinfographic.com）
　　此图告诉读者如何降低宠物被蛇咬伤的可能性，如何判断被咬，如果被咬该做什么、不该做什么等，图表中用到了 diagram、graphic、chart 三种方式进行表述，内容丰富，信息详细。在制作中，版式、结构、色调等元素被作者合理设计，以服从读者的阅读习惯和感受。

建 筑 室 内 设 计 分 析 图 表 达

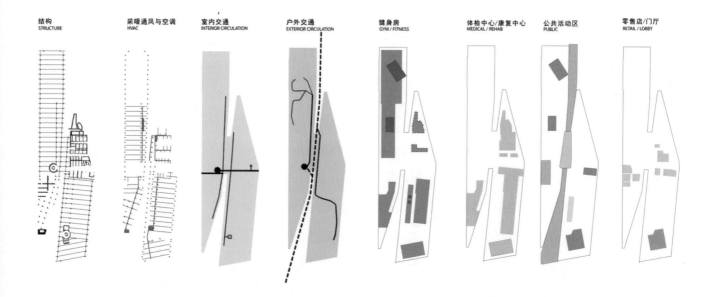

结构
STRUCTURE

采暖通风与空调
HVAC

室内交通
INTERIOR CIRCULATION

户外交通
EXTERIOR CIRCULATION

健身房
GYM / FITNESS

体检中心/康复中心
MEDICAL / REHAB

公共活动区
PUBLIC

零售店/门厅
RETAIL / LOBBY

图 1-7　分析图（图片来源：http://www.coroflot.com）

　　图中是一栋医疗康复中心的平面布局分析，作者以图示方式绘制出不同图形，分别展现了建筑的结构、交通与功能布局。在表现形式上，则以平面图为依据，用线条、色块来传达不同的功能。

1.3　设计分析图的现状与发展

　　科学技术飞速发展的今天，资讯传播越来越迅猛，人们在快节奏的生活中对待巨量信息的方式已经促成了一种新时代——"速食"时代的诞生，即泛而略地接收信息。大家都急切地希望用最短的时间了解信息的核心。图表以最直观的形式发挥着语言文字无法比拟的优势作用。在艺术设计领域更是如此，无论是视觉传达设计、动漫设计、服装设计，还是建筑设计、环境设计、产品设计，人们都会无时无刻在不经意间使用到图表，特别是分析性的图表。如建筑、环境、产品设计中对构想概念的分析，对空间结构的梳理，对功能尺度的把握等，都需要借助分析图帮助理解，而视觉传达、动漫、服装设计由于更加重视视觉功能性，对于形态、色彩、肌理、构成等元素的分析更需要运用分析图予以梳理（图 1-8 ~ 图 1-10）。由此可见，现如今整个设计领域对于分析图已具有强烈的依赖性。

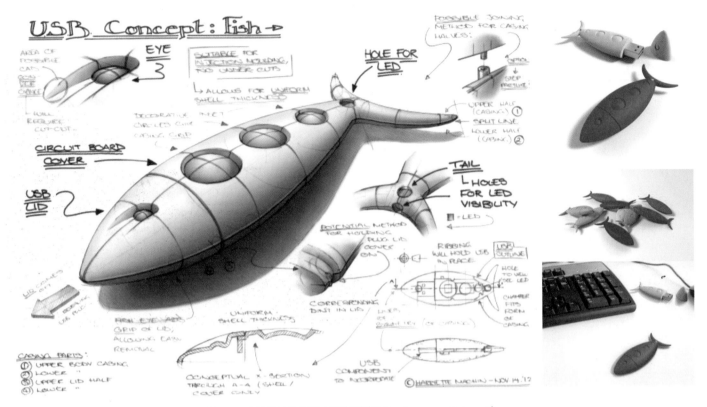

图 1-8　产品设计分析图（图片来源于 http://www.coroflot.com/ ）

图中是一个优盘的造型设计分析图，草图模式的造型与功能分析详细地介绍了这一设计作品的特点。

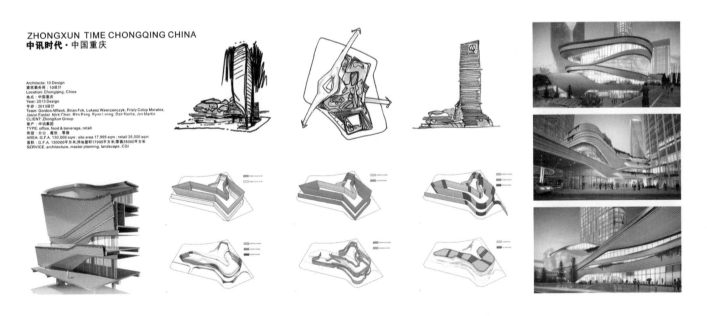

图 1-9　建筑设计分析图（图片来源：http://www.10design.co ）

位于重庆弹子石的综合性办公建筑，设计师用草图的形式表现建筑的平面和立面，同时使用鸟瞰视角的示意图对建筑内部空间的不同功能信息进行逐一分析。

CASA MA
apartment refurbishmentg
公寓改造

year: 2014 - present
location: calle maldonado, madrid, spain
size: 80 m²

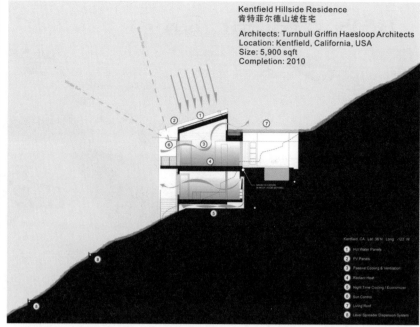

Kentfield Hillside Residence
肯特菲尔德山坡住宅
Architects: Turnbull Griffin Haesloop Architects
Location: Kentfield, California, USA
Size: 5,900 sqft
Completion: 2010

Kentfield CA. Lat 38°N Long -123° W
① Hot Water Panels
② PV Panels
③ Passive Cooling & Ventilation
④ Radiant Heat
⑤ Night Time Cooling / Economizer
⑥ Sun Control
⑦ Living Roof
⑧ Level Spreader Dispersion System

（a）室内空间示意图　　　　　　　　　　　　　　　　　　（b）功能分析图

图 1-10　室内设计分析图（图片来源：www.archdaily.com）

图（a）中，作者用俯视轴测视角展示了公寓空间格局和家具设备；图（b）以剖立面图为基础，呈现光照与通风功能的分析。

　　在此背景下，分析图成为设计行业倚重的分析事物的重要手段。在欧美，分析图是设计过程中必不可少的环节，不管是在校学生还是资深设计师，都大量运用它完成设计作品，并把其呈现于公众视野中用以说明作品推导过程的严密逻辑性。与此同时，就分析图自身而言，也展现出优美的视觉观赏性，成为设计作品不可分离的一部分。在国内，大部分艺术设计院校和设计企业公司对分析图还知之甚少，仍持续着传统的设计手法，强调设计师对设计的主观直觉和由此获得的最终结果，设计没有理性的推演过程，只有感性的最终效果图。但近年来随着国外设计机构入驻国内一线城市带来新颖的设计手法和国内外高校间学术交流的加强，以及互联网带动下的视野拓展，使设计推导成为设计领域中一种无法阻挡的趋势，并让传统设计方法相形见绌显得捉襟见肘。在此过程中，分析图成为一种最直接的表达形式被推到设计的制高点而被设计工作者迅速接纳。目前，部分专业艺术设计院校已敏锐地察觉到分析图的重要性和设计优势，而迅速开始在各门设计专业课程中要求学生掌握并运用，如在"设计程序与方法""制图基础""设计表现"等课程中加入对分析图设计制作的讲解；少数院校还专门开设相关课程，以提高学生对其理解和使用，如开设"图表设计""可视化图形表现""分析图设计与制作"等课程。

由此，相信在未来的三五年中，分析图将渗透到设计领域的各个专业中，发挥不可估量的价值，引导设计在主观感性的视觉表现基础上向更加客观理性的方向发展。

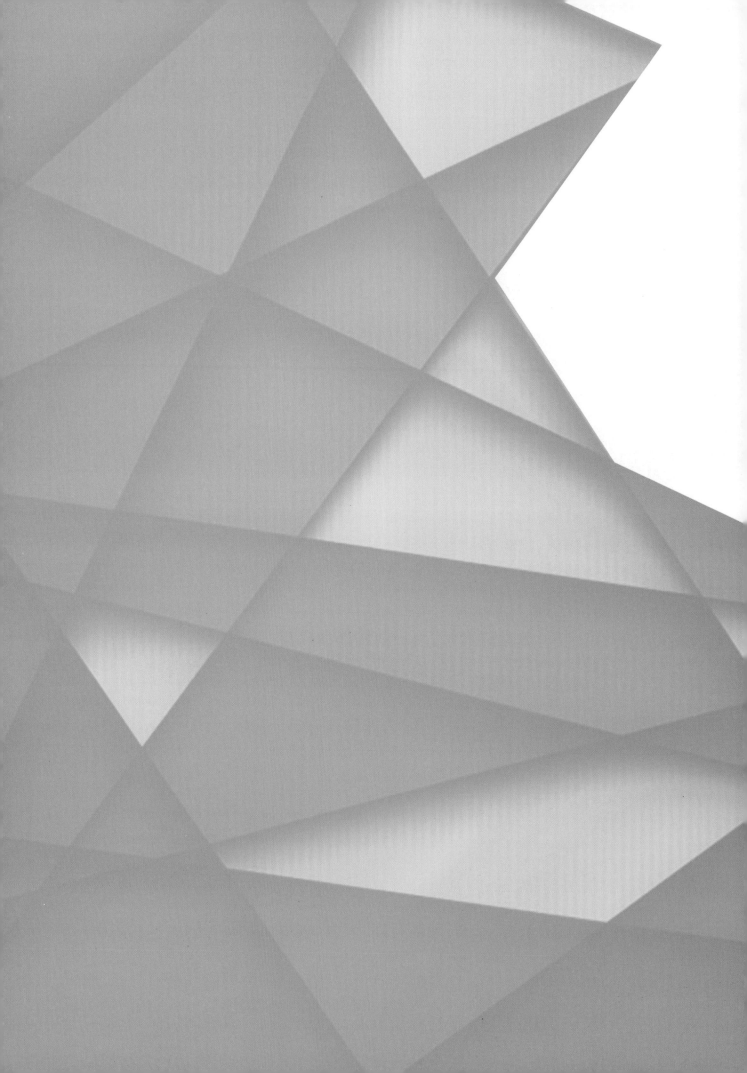

第 2 章　建筑室内设计分析图概述

2.1 定义与作用

2.1.1 定义

在环境设计和建筑设计领域中，分析图被定义为：针对内容复杂、难以形象表述的项目，先进行充分理解、系统梳理，再使其视觉化，通过图形简单清晰地呈现出内部关联的图纸。室内设计领域所使用的分析图与前述类似，它主要用于解析空间中的逻辑关系，以及主体——人与客体——环境之间的内在联系。由于室内设计在国内隶属于艺术设计范畴，因此图纸更加重视视觉表现和信息传达，以及由此得到的受众解读的体验感和审美性。

绘制室内设计分析图，不仅可以帮助设计者发现问题、理解需求、分析现状和得出结论，而且能够让设计者从复杂繁琐的环境中清晰地看到问题的本质，促进设计者梳理问题间的逻辑关系，找到项目设计中场所精神与空间体验的核心。

2.1.2 作用

日本设计师木村博之在《图解力：跟顶级设计师学做信息图》一书中提到：将原本很难用语言表达的信息，通过图画来加以说明，使其容易理解，是分析图的目标与理想。即分析图的设计目标是方便读者理解和使用。由此可见，分析图的核心体现在简单易懂的图形显示和快速准确的信息传达层面。除此以外，细致地解析复杂的数据和繁琐的信息，寻找问题的脉络和逻辑关联，并以此为依据解决问题是分析图的另一核心。

综上所述，能够发现分析图在室内设计中具有不可替代的作用。

2.1.2.1 传达设计信息

对于问题的解析和信息的传递，图形描述远比文字表述更加简单明了、清晰准确。在室内设计领域，分析图能有效传递设计信息，而且此类信息有别于设计中所绘制的效果图和施工图。我们都熟知在室内设计中，绘制效果图是为了模拟设计完成后的最终结果，它既有助于设计师掌控设计成效，又能让甲方或者公众等非专业人士了解施工完成后的结果，效果图传达设计的最终形象。绘制施工图则是面向施工人员，使他们了解工程材料、工艺、造型、尺寸等，并指导其把虚拟的图纸付诸实施，因此施工图以规范的平、立、剖视角呈现出空间的各种详细数据。而分析图呢，它描绘的是设计的过程，包含设计师的概念构思、造型推敲、色彩分析、材料甄选等，而且这一切都遵循有条理性的逻辑，它使得设计师的设计过程有理可依、有据可循而更加严谨，所以分析图传达设计的推导过程和演算步骤。

2.1.2.2 促进设计分析

室内设计的过程，从前期调研、概念甄选到元素提取、形态推演，再到空间分析、功能划分，包含多种信息和数据，将其合理地归纳梳理、分类概括是设计工作最重要的环节。对于设计筹备中大量的调研内容，设计者需要去粗取精，罗列重要信息，绘制简单易懂的统计图表，以便从中挑选有价值的条件；对于设计主题思考，需要头脑风暴式的集思广益，也需要大胆排除和舍弃，定夺最恰当的方案，此过程也需要借助分析图；同样，面对设计元素的提取和空间形态的推演，以及对材料、照明等的分析，更需要利用分析图反复推敲，以寻求最佳的理解去完成设计。上述各设计步骤都离不开层层剖析的工作，借助分析图的图解方法，设计师能合理而有效地分析问题，理解重点，突破难点，最终完成设计。

在设计过程中，设计师往往需要借助草图进行构思，很少有人马上动笔。素描和色彩是艺术设计基础训练中的两门必修课程，在训练中为确定构图，通常要从不同的角度进行观察，同时绘制小稿。此小稿恰似设计中的分析图，它帮助作画者理解空间与纸张的关系。作为设计者，首先必须明确自己希望传达什么信息，同时让受众理解什么信息，即设计意图。所绘制的图表出于何种目的，它能解决何种问题，它所服务的对象是谁，他有怎样的需求，这一系列的思考将帮助设计者找到制作分析图的缘由与方式。从另一方面讲，设计者的构思将经由分析图的处理准确地传达出。

2.1.2.3 表现设计主题

目前在很多室内设计作品展览中，展示内容都是大量的效果图、模型和施工图，此类表现方式大都仅仅是在陈述结果，效果图的逼真程度成为评判设计优劣的标准，展示最终成了外行看热闹的过程。与此同时，部分设计者更以此为荣，设计俨然成了炫技的工具比拼。对此，设计师要思索，作品展示不应该是为用户呈现设计者的思考过程吗？不应该是展示设计者发现、分析、解决问题的思路吗？分析过程的缺失让设计失去了灵魂，也让用户失去了解读的兴趣。完整而详尽的分析图能清晰地传递设计流程、叙述富有创意的主题来源、展示严密的逻辑推理过程。更为重要的是，由此将吸引各行各业更多的用户真正了解和关注室内设计。

2.2 分类

室内设计分析图按照功能的不同大致可以分为四种类型，即是图表分析图、概念分析图、形态分析图和功能分析图。

图表分析图，即统计图，用于设计前期调研数据的罗列和展示，此类图纸的作用是帮助设计师梳理问题、整理数据；概念分析图，用于设计理念的生成和解析，帮助设计师进行主题的推导和甄选；形态分析图，是在设计概念确定之后，用于设计元素的形态提取和演变；而功能分析图则是在设计方案确定后，用于空间功能的分析，它既可以帮助设计师理解空间的格局，整理人行路径的流线，展示照明、通风等具体功能，又可用于向甲方解释和说明设计思路等。

2.2.1 图表分析图

图表分析图是基于统计学而将各种数据进行规整和提炼，并以可视化的图像形式予以呈现的图表形式。常用的图表分析图有三种类型：柱状分析图、曲线分析图（折线图）和饼状分析图（面积图）。按照功能和形式，可将上述三种类型归纳为两类：一类是以坐标形式体现数据变化或比较关系的柱状分析图和曲线分析图；另一类是以面积形式体现个体数据与整体数据比例关系的饼状分析图。

其中，柱状分析图是最基本、最全面且使用最频繁的，这源于其形式和结构上的优势：首先，柱状分析图以坐标系统为框架，此结构不仅利于表现单一数据，而且还可将多种数据罗列其中进行并列比较；其次，柱状分析图涵盖了曲线分析图和饼状分析图的功能而展现出全面性。曲线分析图的作用是表现数据随时间或者位置变化的过程，其连线形式较为直观，柱状分析图中数据形成的柱形高低也能展示出变化过程。而饼状分析图的优点在于单个数据与整体之间的百分比描述。其实，柱形分析图也可以在坐标系统中描绘出整体柱形以用于比较。在具体表现上，可以对柱状分析图进行艺术化处理，使其立体化、符号化和形象化，以呈现更加完整直观的数据对比，更便于大众解读。

在室内设计中，图表分析图主要用于设计前期的调研阶段，设计师利用它把各类调研数据清晰的展示出，以用于后续设计。如设计某商业中心地段的餐厅，需要调研区域的交通状况，消费人员的年龄、结构、层次，人流情况和区域业态等，分析图将收集到的数据分类统计，以图表形式呈现。

此阶段的分析图不但能够帮助设计师比较数据、解析空间环境，指导下一阶段设计的进行，而且可以在设计完成后的方案汇报与展示中呈现给甲方和公众，以说明设计的合理依据，从而让方案更加富于逻辑并得到认可。因此，图表分析图的绘制不仅要数据准确、对比清晰，还要体现便于受众理解的艺术表现（图2-1）。

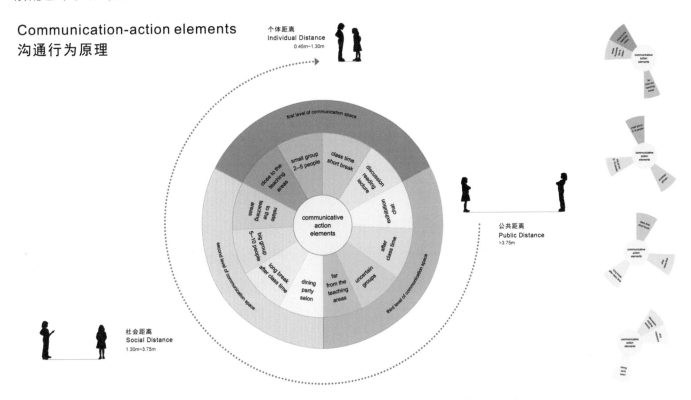

图2-1　图表分析图（图片来源：清华大学美术学院　王晨雅）

这是一幅图表分析图，作者用饼状图的形式分析人的沟通行为及尺度，用红黄蓝三种颜色区分沟通空间的三个层级，并运用渐变色再次细分。同时结合不同举止的人物剪影描述人与人之间的三种距离尺度，简洁而直观。

2.2.2　概念分析图

优秀的室内设计作品能从业主的需求、项目的功能价值、企业的核心文化或者公司的视觉识别系统中提取具有代表性的重要内容作为其主题概念，并使其成为设计主线贯穿于作品中，但提取的过程并非易事，概念分析图在此将起到不可忽略的作用。在此阶段，设计师需要使用头脑风暴式的激发性思维方法，准确找出可以成为主题概念的核心内容，罗列出相关联的一系列元素，并从中甄选最为恰当的理念，用于设计中并贯穿始终。

由上述概念分析图的作用和概念设计阶段的流程可以看出，此类图表的绘制形式类似于第1章提到的图解（diagram），它所表述的是概念设计的推敲过程，为便于理解，可以把其简称为示意图。具体而言，示意图是以简单的语言文字和图形符号为基础，结合用于关联或者区分的线条和基本几何形，对设计主题进行逻辑梳理与推导所形成的图表。常用的示意图按功能不同可分为概念推理图、流程示意图和系统分析图三种类型。从表现形式上划分，概念推理图是一种类型，它常表现为圆圈形式的泡泡图；而流程示意图和系统分析图则是另一类型，它们表现为方框形式的树状图。

在室内设计中，设计师会以概念推理图为设计切入点，先用不同的词语描述设计核心，然后区分这些词语的主次和联系，形成以文字和简单几何线形为主的图表，最终确立出设计的核心概念。然后，运用流程示意图把确立出的设计概念予以分解和归类，在此过程中流程示意图能描绘出概念分解与拓展的次序和步骤，以及不同层级中元素间的相互关系，便于设计者进一步的梳理设计主题。最后，在概念设计阶段末，使用系统分析图将所有概念元素进行归纳、总结，用构架模式表示出各元素间的组织关系和层级信息。

由此可见，此类图表的表达不但要借助和使用大量精炼的词汇，还要将文字词汇合理地转换为相应的图形语言。设计师在示意图的具体表现上需要不断地构建框架，反复地绘制概念草图、对比差异、筛选和综合信息、把握和概括特征。因此，其设计表达着重在于进行主题词汇逻辑间的梳理，以及图形转换上的准确表现。值得注意的是，此阶段所有分析图的表达都需要先用文字进行概括描述，而后将文字概念图形化，使用简洁的文字和简易的图形相互穿插交叠。与此同时，整个过程需要合理运用线条、箭头、体块等元素，将信息具体化和精细化，使表达形象化和写实化。此外，为便于快速进行设计分析，我们可在设计前期运用草图方式描绘，方案完成后再将此类图表用电脑软件给予规范和修饰，以呈现给甲方和公众（图2-2）。

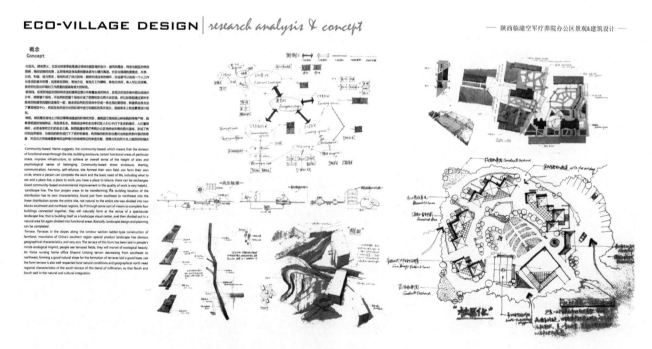

图2-2　概念分析图（图片来源：清华大学美术学院　王悦）

作者把疗养院办公区划分为工作空间、休息空间、公共交流空间与自然景观四部分，提出社区化的设计概念，紧接着引入生态村的模式，而设计中使用梯田、再生能源等具体元素，从泡泡草图可以看出作者概念的提取过程。

2.2.3 形态分析图

形态分析图是室内设计分析图中最为视觉化和艺术化的部分，也是使用分量最大并且最具感染力的。绘制此类图表主要用于设计元素的提取和推演，以此创造和产生室内空间中的不同形态。设计师往往通过绘制大量的草图，分析和筛选最终用于空间中的不同造型。在此过程中，造型的演变应该遵循概念中所形成的逻辑关联，运用一项类似数学演算的中间步骤，最终推算出结果。整个过程设计师除通过绘制草图进行解析、增进思考外，还需要对图纸加以艺术处理，制作出较为完整、清晰和美观的最终展示图，以面向用户，作为其解读作品的有力依据。

由于形态分析图主要用于对事物形态的分析，且以图案符号形式表现，因此可以把其理解为图形符号（pictogram）。pictogram直译为"象形文字"或者"象形符号"，当然这仅仅是基础，对于一些复杂的空间形态，往往需要设计师绘制庞大而具体的图像。形态分析图的设计表达手法较为多样，按表现方式的不同大致可以分为平面和立体两种类型。平面类即绘制图形、符号等二维元素的形态对项目进行分析，表现上需要考虑重合、透叠、相邻等构成关系与对比、互补等色彩搭配；立体类则描绘形体、空间等三维环境的造型以促进解析，表现上需要注意比例、透视、角度、色彩、光影等层面的处理。当然，平面二维图形与立体三维图像相互间也可以通过特殊的技巧进行转换，两者之间没有绝对的分割，只是根据设计需求选择更为合理的类型进行表现。

在绘制形态分析图时，要特别注意以下几点：

（1）尽可能不使用文字，这样既可以避免语言差异所造成的信息传达障碍，又能回避因图纸的缩放所带来的阅读困难。

（2）重视每个步骤的前后逻辑联系、空间参照点的设置和点、线、面、体的综合运用。

（3）色调的搭配与区分，尽量把握色彩构成上的规律，如同一色相、不同明度或者纯度的色块组合显得统一整体，对比色的组合强调差异和比较，大量相邻色中绘制少量对比色则突出重点（图2-3、图2-4）。

2.2.4 功能分析图

功能分析图，顾名思义，是对室内设计中各种空间功能进行分析的图纸，主要分析室内空间中的区域划分、面积比例、位置，自然光照、灯光照度，交通流线和空气流动等具体功能。对上述功能作概括梳理，能有效地帮助设计师理清项目与使用需求之间的刚性关系，同时又可以呈现给业主或用户，让他们理解空间的功能特征和整体布局，了解如何利用空间中的特殊性能。此类图纸多以平面布置图和剖面、立面图为依据加以修改和加工整理，也时常会用立体化的透视图或轴测图为基础，

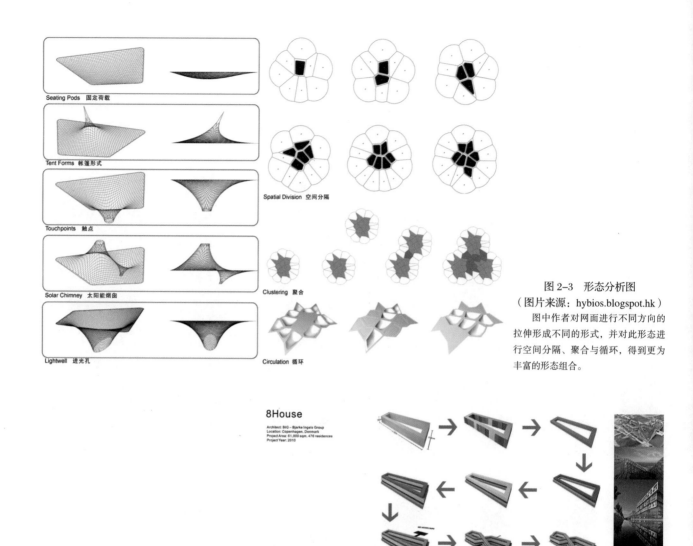

图 2-3　形态分析图

（图片来源：hybios.blogspot.hk）

图中作者对网面进行不同方向的拉伸形成不同的形式，并对此形态进行空间分隔、聚合与循环，得到更为丰富的形态组合。

8House

Architect: BIG – Bjarke Ingels Group
Location: Copenhagen, Denmark
Project Area: 61,000 sqm, 476 residences
Project Year: 2010

图 2-4　形态分析图

（图片来源：s-media-cache-ak0.pinimg.com）

作品以"8"为基础元素对形态进行渐进式的分析，过程中显示了"0"到"8"的图形演变过程。

增加功能性的分析信息，因此，功能分析图不拘泥于某种固定的绘制形式，可以说它结合了概念分析图和形态分析图的一部分表现手法。绘制功能分析图多在概念性方案确定后、推敲整体布局之时。

　　由于功能分析图在室内设计中的特殊作用，因此在绘制时，首先应反复验证各种功能的合理性，确立各种功能满足不同人群的所有需求；其次在设计表达上应注意合理使用色块和不同线性的线条进行表现，以增进图纸的直观性。为了提高图面效果，可将平面和立面进行立体化处理，并采用鸟瞰视角；对整体建筑可采用剖切的方式表现，显示空间内部细节，便于楼层间的环境比较；为使空间结构更为清晰，还可对不同功能区域或者不同楼层进行拆解，以不同层级的图纸对设计进行演示和陈列（图2-5～图2-7）。

CIRCULATION
流通空间

INTERACTION
互动区域

ENCLOSURE
围墙阻隔

图 2-5　功能分析图
（图片来源：www.pinterest.com）
　　作者用平面图视角对空间内部区域进行分析，展示出流通空间、互动区域和围墙的位置，读者可以横向比较同一功能不同楼层的状态，或者纵向比较同一楼层不同功能的情况。

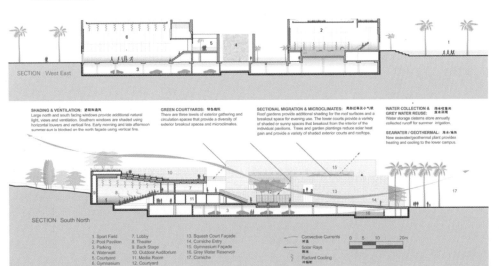

图 2-6　功能分析图
（图片来源：www.carboun.com）
　　作者用立面图形式分析建筑内部空间中的通风、日照、雨水回收系统等功能，利用不同颜色和形态的线条与箭头进行表述，使读者对上述功能一目了然。

图 2-7　CCTV 总部功能分析图
（图片来源：www.archdaily.com）
　　作者用轴测图形式描绘建筑内部空间的构成元素，并以拆分的方式展示每一个单元，使被遮挡的元素能如实呈现。

建 筑 室 内 设 计 分 析 图 表 达

第 3 章　建筑室内设计分析图表达

设计师利用人们较易理解的视觉化具象手段（即通常所称的图示手法），设计和制作分析图。对于此类分析图的绘制与表现需要使用一些特定的方法和技巧，使其不仅叙事精准清晰、简洁明了，而且图面美观时尚、标新立异。同时，不同类型的分析图内容差异较为明显，需要使用不同方式的表现手法和描绘技法，对分析图进行恰如其分的设计表达将促成设计的正确发展与最终完成。

3.1 表达原则

室内设计分析图表达前，须了解绘制分析图应遵循的基本原则，以便在具体操作中能够迅速准确地找到事物的核心问题，并有的放矢地予以解决。

3.1.1 数据的真实性和准确性

数据的真实性与准确性，是针对分析图中表述的内容而言。具体设计之前的设计筹备是设计工作的重要、基础性步骤，这一阶段大致有三个方面的内容：接触业主、了解需求；勘测场地、提出问题并分析问题；收集资料、整理资料。在此阶段，设计师将汇集大量的资料，如问卷调查的内容和分析报告、访谈整理的语言文本、现场勘测的数据信息、同类项目的调查情况和比对解析等。这些资料，无论是收集的文字资料还是测量的数字信息，都是保证整个设计顺利完成的重要依据，也是分析图制作的重要成分。因此，这些数据的真实性和准确性对于设计至关重要，对设计过程中的一系列逻辑推理及分析图的绘制也具有指引的作用。

尽管如此，很多设计师却认为设计只是对空间进行艺术加工的过程，其优劣取决于设计师对视觉审美的见解，而将装饰视为设计的唯一目标，绘制分析图被认为只是泛泛而论，不需要精准的数据，认为"大概""估计""差不多"就可以了。这种观点显然是不正确的，理由很简单，空间是让人使用的，人们在使用过程中除了有审美需求外，还有功能需求，对于功能设计是否合理就需要真实而准确的各种数据，信息稍有偏差结果将完全改变。同样的，设计的概念主旨要求叙述精准到位，调研疏忽而产生歧义将立刻使设计内容发生质变。在分析图的表达上，若失去真实而准确的数据作支撑，再美观精彩的内容都失去价值，更谈不上指导设计。

3.1.2　功能的逻辑合理性

功能的合理性不仅针对设计过程，也同样针对分析图的绘制。分析图的功能合理性主要是指其表述的内容结构合理、调理清晰、逻辑正确，能帮助设计师调整思绪，同时又便于受众解读。在设计过程中，如果分析图的内容出现逻辑错误或结构紊乱等问题，就如同一篇语句优美的文章出现语序颠倒问题，其语义将无法准确地传达。

清华大学美术学院视觉传达系曾开设"信息设计"研究生课程，该课由国内知名书籍装帧设计师吕敬人老师主持，他还邀请了一名留学英国的中国学生和他西班牙籍的同学一起主讲。课程讲授的是与书籍装帧设计相关的内容，但并非讲解如何进行封面、封底、书脊、扉页、内页的设计，也并不是从视觉的审美性层面分析何种编排形式或者何种字体、字号和色彩搭配更美观。课程中提出了书籍装帧设计的一种新概念——信息设计，即书籍中的任何字体、字号、色彩，图形的形式、大小、比例等内容都必须具有特定信息，而使其在书籍中具备功能。而此功能是除审美以外的实用功能，如书籍中一幅插图的形式由直线变为曲线、尺寸变大或者色彩增加都必须有具体意义和价值，能说明事物的形态差异或者展现器物的材质变化等。从此课程中我们能体会到：在视觉传达设计中，图形设计、字体设计以及编排设计都具有除视觉审美外的信息功能性。那么，室内设计分析图这样一种近似于视觉传达设计的二维图纸，同样要有功能性。合理地规划图表内容，理清各单元的相互关系，选择恰当的位置结构，保证图表的构造合理性等功能需求的重要性并不亚于视觉上的美学原则。

3.1.3　视觉审美性

古罗马建筑大师维特鲁威在其著作《建筑十书》中提出建筑设计三要素：实用、坚固、美观。"美观"成为建筑设计要求中重要的组成部分，但相对次要，位列三要素最后。室内设计分析图的绘制要求也像建筑设计一样，需要"重要而相对次要"的遵循视觉上的审美特性。此审美特性就是指形式美。在美学原理中，形式美被划分为形式美的构成（或称感性质料）和形式美的规律（法则）两部分。"构成"

主要包括色彩、形状、线条、声音等要素，"规律"则呈现为齐一与参差、对称与平衡、比例与尺度、黄金分割律、主从与重点、过渡与照应、稳定与轻巧、节奏与韵律、渗透与层次、质感与肌理、调和与对比、多样与统一等具体法则。

几乎所有设计类学科都遵循形式美的构成与法则，室内设计也不例外。因此在分析图绘制中合理运用色彩、形状、线条等构成形式进行视觉表达，同时利用对称与平衡、节奏与韵律、调和与对比、多样与统一等规律对表现内容进行抽象、概括处理，将从视觉审美层面满足人们的精神享受。与此同时，表达过程中舍弃冗余信息，使图表简单易懂、个性突出，也会在视觉上产生令人意想不到的效果。

3.2 表达方法

被称为"中国工业设计之父"的清华大学美术学院教授柳冠中先生在其著作《事理学论纲》一书中提出"方法论"中的"方法"包含五个层次，即目的、途径、策略、工具和操作技能。我们通常所说的方法是这五个层次的选择性组合，而非一种单一具体的办法。上述五个方面中，"目的"是理解用户需求，明确设计目标和外部因素；"途径"是与用户交流的最佳方式，如具体的问卷调查、访谈等方法；"策略"是提高方法效率的手段；"工具"和"操作技能"则是表面化的介质，如录音笔、相机等。柳冠中先生主张针对具体问题去优选上述五个层面的内容并加以组合，设计出具体的方法。

现如今，各种相关书籍和高校的相应课程中，但凡提及环境设计的方法，大都仅仅是在谈论"途径"问题。其中列举的具体方法，如影像法、观察法、参与法等，仅仅是解决环境设计项目某一环节具体问题的单独手段，而真正的方法应该是一个整体。

室内设计的方法，应该遵循柳冠中先生的主张，针对具体问题甄选目的、途径、策略、工具和操作技能，从而制定有效的方法进行具体设计。既然室内设计需要使用此方法，那么面对更为具体的设计分析图绘制呢？答案不言而喻，其表达方法仍可以按照此程序予以操作。例如，针对某办公空间设计进行前期概念分析图表达，设计者可采取以下方法：

（1）明确绘制分析图的目的，分析企业文化、制定设计目标，从而挑选恰如其分的设计主题。

（2）选择合理的途径（诸如观察法、访谈法等具体方法）进行调研，分析企业战略思路、了解企业核心精神、掌握企业内涵。

（3）为提高设计制图效率应制定相应的策略，如选用不同知识背景的人员进行团队配备并分工协作，调查报告、文字整理由文案专业成员完成，文字图形的转换梳理由视觉传达设计专业成员操作等。

（4）制图时选择合适的工具和操作技能，如选用问卷进行调查，用相机进行资料收集，选用恰当的制图工具和表现形式等，值得注意的是工具和技能本身只是一种介质，关键是问卷中的具体问题、相机拍摄的具体内容、纸笔绘制出的具体图像形式。

运用上述方法，一幅幅完整而准确的概念分析图将信手拈来。以此类推，其他类型的分析图表达也同样易如反掌。由此，可以看出，整合一体的表现方法才是绘制室内设计分析图的完整、有效的方法。

值得注意的是，随着技术的进步，越来越多的制图软件正逐渐替代手工操作的分析方式，智能化、参数化的操作平台也逐渐改变了分析图的绘制手段。使用这些软件和平台，只需几个简单的操作，就能生成设计师需要的分析图表雏形，在此基础上，使用 PhotoShop、Illustrator、Indesign 等平面制图软件对图表进行优化处理，就能得到最终的分析图。这大大提高了设计师的工作效率，使设计师从繁杂的制图表现工作中抽身，把时间和精力放在更具含金量的设计创造中。

目前，这些软件系统主要有两类，一类是以"建筑信息模型"（Building Information Modeling，BIM）为代表的大型综合性软件平台，另一类是基于"犀牛"（Rhino）软件开发出的各种插件，如草蜢（Grasshopper）、织工鸟（Weaverbird）、袋鼠（Kangaroogh）、企鹅（Penguin）等和草图大师（Sketchup）等小型软件。

BIM 系统以建筑工程项目的各项相关信息数据作为模型基础，建立建筑模型，通过数字信息仿真模拟建筑物所具有的真实信息，具有可视化、协调性、模拟性、优化性和可出图性五大特点，还具有三维渲染、快速算量、精确计划、多算对比、虚拟施工、碰撞检查、冲突调用等多种功能。它能为建筑设施的设计、施工、改造、拆除的全生命周期的所有决策提供可靠依据。分析图绘制只是 BIM 系统中非常微小的一部分功能，但其作用全面而强大，它所服务的领域不仅包括建筑和室内设计，还涉及电子业、水利工程、城市规划等行业。Autodesk 公司开发的 Revit Architecture 软件和 Nemetschek 公司开发的 ArchiCAD 软件，是 BIM 系统中主要针对建筑设计的模块，使用它们将会使建筑设计变得系统和便捷，建筑中的各种数据也能够通过简易的操作迅速呈现，并生成可视化的图像。此类图像的不足之处在于从视觉审美的角度而言不太完美，还需做一些平面设计的图表优化。

草蜢（Grasshopper）是一款小型软件，但它提供了犀牛（Rhino）软件中没有的概念——矢量功能。矢量，代表既具有大小又具有方向的量。在 Rhino 中制作模型，可以以输入数据和程序自动计算的方式来替代传统的手工建模。因此对于复杂的建筑表皮和曲面形态的设计，草蜢插件更加方便，由此可见，绘制此类型的分析图也变得更为容易。

草图大师（Sketchup）也是一款小型软件，它涉及建筑、景观、规划、室内设计等领域，用其构建的模型完美结合了传统铅笔草图的优雅自如和现代数字科技的速度与弹性，其优点除了准确、快捷之外，最重要的是不需要设计师让设计去配合软件，即在设计过程中，可以让设计者从不十分

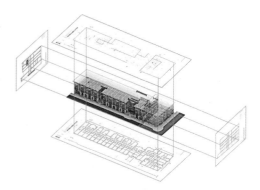
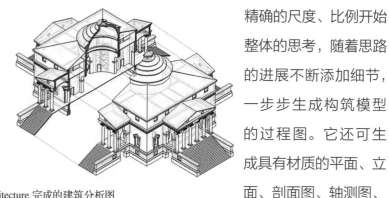

精确的尺度、比例开始整体的思考，随着思路的进展不断添加细节，一步步生成构筑模型的过程图。它还可生成具有材质的平面、立面、剖面图、轴测图、透视图，以及导入到Lumion 或 3ds Max 等软件中进行再编辑。这些有效的功能都为绘制分析图奠定了基础，设计师只需导出图纸后简单润色修饰即可（图3-1～图3-3）。

图3-1　Autodesk Revit Architecture 完成的建筑分析图
建筑空间模型与三视图关联，修改其中的数值时，图纸、模型和内部管线、材料、照明等都随之改变。

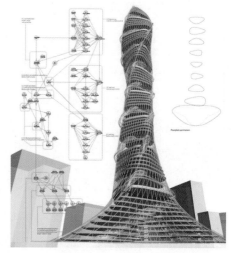

图 3-2　草蜢（Grasshopper）完成的形态分析图
运用矢量方式编辑数据，以得到不同的形态，形态变化随数据而改变，此软件适用于绘制复杂表皮和曲面形态的设计和分析图。

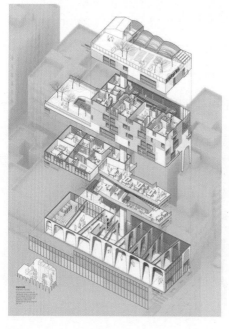
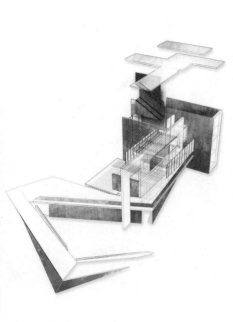

图 3-3 草图大师（Sketchup）
绘制的分析图
需要经过 Photoshop 等平面制图软件进行色彩调配、删减虚化、背景衬托等手法处理。

3.3 表达要素

室内设计分析图的表达要素是指其内容中的构成元素或成分，按照其类型来划分，有信息要素、形态要素和色彩要素三种。信息要素包括文字和数据，形态要素主要有图像和图形，而色彩要素则分为明度和彩度（色相）。

3.3.1 信息要素

信息是分析图的基础，没有信息的分析图犹如一幅没有观念的当代艺术作品，不但失去了价值，而且无实质内容以至无法被冠以当代艺术作品的头衔。在分析图中的信息要素主要包括文字和数据两类，它们对分析内容主要起画龙点睛的解释提点和锦上添花的补充说明作用，因此，文字一般言简意赅，数据则准确明了。

3.3.1.1 文字

文字是构成分析图的重要元素之一，它能对图形、数字等较为抽象的信息进行说明和解释。对于图形而言，文字在表意层面更加具体和翔实，通过文字说明的内容较少产生歧义。因此，文字能快速准确地传情达意，但是一旦文字形成段落或更长的篇章去表述内容则反而会降低理解的效率。所以，在解读文章时，人们常常会概括段落大意或者寻找关键词进行分析。在分析图中，一般而言为提升效率不会使用冗长的文字进行说明，大多使用的是词语和短语，尽量做到言简意赅，从而使解读流畅和快速。

每一幅分析图一般都有一个文字表述的标题，类似于图画、照片或表格的标题，标题既能概括与总结图表所传达的信息，又能引导读者解析图表。此外，分析图内部也可以使用文字来记载和表述对象，用以补充说明图形符号表述不清或需要着重解释的内容。此类文字多采用旁注形式，一般多与线条和箭头配合使用。由于其解释说明的作用，文字不宜过长，简明扼要而主次分明，绘制时可区分线宽和变更字体、字号，从而划分层级，突出重点。

在概念分析图中，使用文字说明相对较多，常用概括性的精炼的词语描述设计主题，而后将其转换为图形，文字在分析图中有较大的比重，但多是高度概括的词语和短语，应避免使用句子和段落。在其他类型的设计分析图中，则偶尔使用文字来注释图形的含义或者说明色块、形体。所以在分析图中，文字虽然不是最主要的内容，但不可或缺，图形图像难以准确表达的内容需要用简练的文字予以描述。由于分析图是经过信息提炼、便于阅读理解的可视化语言，因此无论哪种分析图，其中的文字都必须简明扼要、概括精炼，否则分析图便失去了其视觉语言的核心优势（图 3-4）。

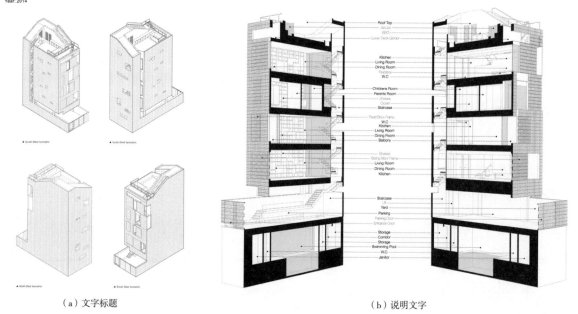

（a）文字标题　　　　　　　　　　　　　　　　　　　（b）说明文字

图 3-4　概念分析图（图片来源：www.archdaily.com）

图（a）中，建筑左下角的文字标题说明了图纸的视角，图（b）中的文字在图表中起解释说明作用，可以看出两幅图中的文字都很少，简明而精炼，同时也不可或缺。

3.3.1.2　数据

分析说明的对象无非是事物的概念与性质，所以除文字外，数据是最直观且最具说服力的载体。在表述事物性质方面，数据具有不可替代的地位，因此分析图中的数据自然成为说明事物的有力依据而担当着重要任务。

用数据说话，是西方人解决问题的常用方式，但中国人不善于使用数据，不重实证、忽视测量。北京大学的才子刀尔登在其著作《中国好人》中的《谁将上下而求索》一文中提到，中国最伟大的诗人屈原在其《天问》一书中提出了 170 多个问题，后世历朝历代的贤者文人都试图去回答这些问题，但一涉及自然方面的问题无不东拉西扯、支吾其词，直到 2100 年后的黄文焕时代，才有一位周拱辰引用利玛窦的地图描述大地的长度和厚度。对此，刀尔登批判道："在中国，传统的教义是用审美代替思辨，用玄想抵制实测，用善恶混淆是非。"刀尔登所说的《实测》是分析事物的基础，数据则是实测量化的结果。古人不求甚解，乃受科技限制，尚情有可原，但值得深思的是时至今日，仍有一大批国人忽略实测，在他们的研究中充斥着大量的"估计""大约""估摸""左右"的不定概念。"测量是科学的肇始，而既无穷究事理的学者，测量反成工匠的贱役"，研究还应多以实测为依据。

在自然科学中，任何事物的属性都可以利用数字和公式进行表述，特别是物理属性比如面积、体积、质量、密度、温度、湿度、粗糙度、透光度、导电性等和化学属性如酸碱度、腐蚀性、氧化性等，建筑、室内也同样如此，设计中所涉及的空间尺度、材料属性、造型特征在一定程度下都可以用数据进行量化，这种量化的目的是便于人们轻易和准确解读。可以说，数字在解说作品时比文字更直接，更易于比较，与此同时，数据不带混淆的指向性让其表述的内容明确可读，而且，数据的直观性与无国界差异等特点使其用量往往大于文字而散落于分析图的各个位置。

在建筑室内设计分析图中，空间体量的表述需要使用长、宽、高等具体数据，使用材料的质量、密度等物理性质也需要数据进行量化，此外，调研过程中的各种统计、比对结果也可以换算成大量数据。有了这些具体数据的支撑，设计变得理性而扎实。在分析图中，数据的使用能使图纸内容更加饱满具体，同时也让设计更具逻辑理性（图3-5）。

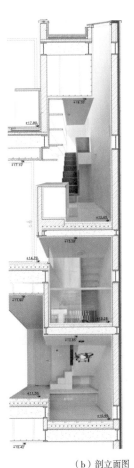

（a）平面图　　　　　　　　　　　　　（b）剖立面图

图3-5　建筑室内设计分析图（图片来源：www.archdaily.com）

图（a）中的平面图标注了尺寸数据，帮助读者理解空间大小，图（b）由于是以剖立面图为基础的效果，因此加入了标高数据，让读者准确把握空间的高度，这种剖面图与效果图的结合即严格的表述了数据，又形象地展示了空间，一举两得，让非专业的阅读者易于理解。

建 筑 室 内 设 计 分 析 图 表 达

3.3.2 形态要素

分析图在室内设计中之所以运用广泛、潜力巨大，原因在于它将冗长的文字语言转化为生动形象的图形元素，把枯燥单调的统计数据转换成色彩丰富、造型美观的具象图画。由此可见，形态要素在分析图中占有极其重要的地位，承载着传递信息与吸引读者的重要功能。值得注意的是，形态的终极目标是服务于内容，因此千变万化不离其宗，表现形式和手法的不同所形成的各种视觉效果，其着眼点都是为了更快捷更准确的传达信息。

3.3.2.1 图像

图像（Picture）广义上是指各种图形和影像的总称，即所有具有视觉效果的画面；狭义是指以再现事物特征为目的、具有可识别的明确特点的具象性画面。图像与图形相对应，共同组成了人类社会活动中最常用的视觉信息载体。图像是对客观事物进行的一种相似性和生动性的描述或写真，简而言之，就是具象图形。图像的载体形式多样，大致有纸介质、底片或照片、电视、投影仪或计算机屏幕。图像根据其记录方式的不同可分为两大类：模拟图像和数字图像。模拟图像可以通过某种物理量（如光、电等）的强弱变化来记录图像亮度信息，例如模拟电视图像；而数字图像则是用计算机存储的数据来记录图像上各像素点的亮度信息。现如今，由于计算机技术的飞速发展，数字图像应用越来越广泛。

在建筑室内设计分析图中，图像是最主要的一种视觉表现语言，在形态分析图和功能分析图中使用较为频繁。它常以照片、电脑制作的效果图、写实性的绘画等形式展现，由于其信息具象，画面中的内容丰富、具体，贴近人们的日常生活，因此，信息传达迅速直接，且不易使人产生联想性的歧义。这类似于绘画中的写实作品，无论是人物还是山水，画面都模拟真实场景，再现性地展示形态、色彩和光影。但是，也正是由于图像的具象性特点，使其表现过于严谨而略显呆板，表现自由度比抽象图形弱，易使读者思维定格而缺少启迪性。因此在绘制分析图时，要根据设计需求扬长避短（图3-6）。

3.3.2.2 图形

图形（graph）是另一种影像形式。几何意义上的点、线，以及由此构成的三角形、矩形、圆形等（平）面和柱体、椎体、球体等体（块），以及简易的符号，都属于抽象图形。简而言之，图形就是自然世界中不存在的由人主观抽象创造的形体。图形是分析图的常用形式，因为它具有绘制简洁明了、直观迅捷的特点，同时其抽象概括性，也能激发读者想象，使传达的信息得以延伸和拓展。

点、线在分析图中常被用做定位和连接。其中，点是最基础的图形，它没有体量，功能明确单纯，用做对事物进行定位。线是点的延伸，它具有方向性和曲直变化，因此出现形的变化，它能联系和划分事物。线单向延展形成面，范围的概念随之出现，并使形变得多样，面与面的交错与叠加可以

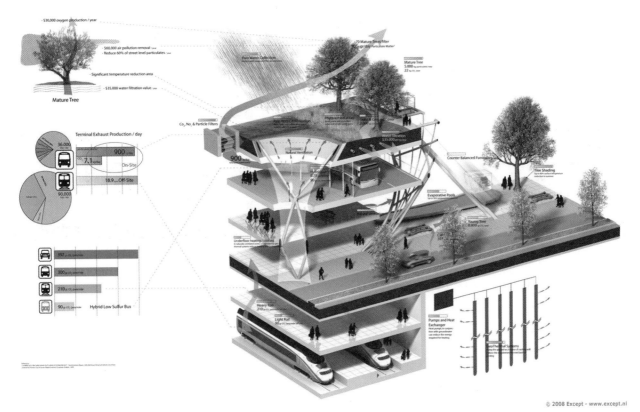

图 3-6　分析图中运用图像展示

（图片来源：www.archdaily.com）

作者用接近真实效果的图像展示空间形态，配合简要的文字和简洁的符号加以说明，增加分析的直观性与生动性。

表示事物的关系和比值。面的多向延伸形成体，空间关系得以确立，且让形变得更加多元，其形态上的多样性特征让其在描述事物时显得更加从容。依据前文描述的形式美法则，上述基本图形可以组合成为形态各异的抽象图案表现任何事物。

　　在图形中，除点、线、面、体以外，还有一种独立的成分自成体系，即符号。从严格意义上来说，符号也是由点、线、面、体构成的，但它一般是具有某种指代含义或性质的标识，来源于日常生活中规定或者约定俗成的表意性视觉语言，其形式简单、种类繁多，具有鲜明的指示意义，同时用途广泛，成为抽象图形中的重要组成部分。如标点符号、货币符号、单位符号、交通符号等。广义上，数字也是一种符号。分析图中，常使用上述各种符号进行设计表现。符号虽有定式和规范但并不绝对，部分符号表现形式较为宽泛，如男女卫生间的标识符号可以用人体尺度、衣着特征等不同形式表现，因此设计中可以根据需求适当修改。而且随着时间的推移，大众对符号形式的审美需求也在发生变化，一个时期喜欢用流线型的曲形表现，另一个时期则崇尚使用简约的直形表达。所以描绘无定式，传意为核心，关键是表现得当且造型独特，能抓住大众审美品位，而引领设计时尚趋势。

　　在分析图中，上述图形符号的使用量在某种程度上超过了图像，如在分析室内空间功能的时候，设计者大都使用平面图或轴测图表达，这些图形往往采用简易的线条绘成，而非真实的具有色彩和光影变化的图像，如需说明空间的不同界面，只需使用单一颜色填充不同块面进行表现。如此处理，画面将变得简洁直观，舍去多余的信息只保留核心内容，从视觉传达性层面分析，也更符合读者的解读习惯，并具有较强的感官刺激和愉悦（图3-7）。

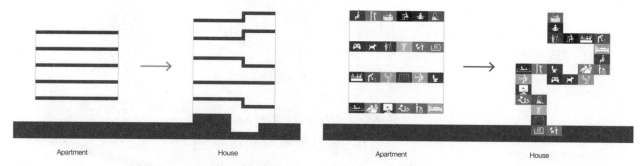

图3-7　分析图中运用象形符号（图片来源：www.archdaily.com）
此图运用象形符号概括空间功能，说明人在空间中的行为活动，时尚简约，同时能激发读者的想象力。

3.3.3　色彩要素

　　自然界中的各种颜色是自然光经过人的眼、脑后，与生活经验结合所产生的一种视觉效应，其实质是不同波长和振幅的电磁波映射入人们眼中，并经过大脑的处理得到的信息，因此颜色是一种视觉神经感觉。通常所说的颜色是指特定波长形成的单色，而不同颜色配比组合而成我们俗称的色彩。颜色具有三个基本特性，即色相、明度和纯度（又称彩度或饱和度）。色彩可以简单地分为两大类，即仅有明度变化的颜色组成的无色系与同时拥有三要素变化的颜色组成的有色系。在分析图表达中，无论是无色系还是有色系，其色彩组合都可以为图表增添无穷的生命力。在此，色彩的应用与绘画或者海报、包装等视觉作品有较大区别，信息传达的功能性大大强于视觉审美的装饰性。

3.3.3.1　无色系

　　狭义的无色系是指白色、黑色和由白黑调和形成的各种深浅不同的灰色组成的色彩。纯白是理想的自然光完全反射物体形成的，纯黑是理想的自然光完全吸收物体得到的。广义的无色系则是指不同色相颜色的明度变化所得到色彩组合。明度是无色系的基本属性，各颜色只存在黑白差异而无色相和纯度变化。

　　使用无色系描绘的分析图表能够传达出统一、调和的感觉，系列性的抽象概念与递进性的象征图形都可以用无色系色彩组合进行表达，概念和图形得以区分的同时又能传达出梯级与包容关系。具体而言，在一幅建筑室内设计分析图中，如果选择了无色系进行画面的表现，那么灰度的数量则决定了内容的多少，不同灰度值的体块能够表现空间中的不同界面、设施，以及不同的空间功能、属性，灰度值可以选择疏密不同的线条排列进行区分，也可以直接用明度不同的色块表达，如此，画面将显得统一而富于节奏（图3-8、图3-9）。

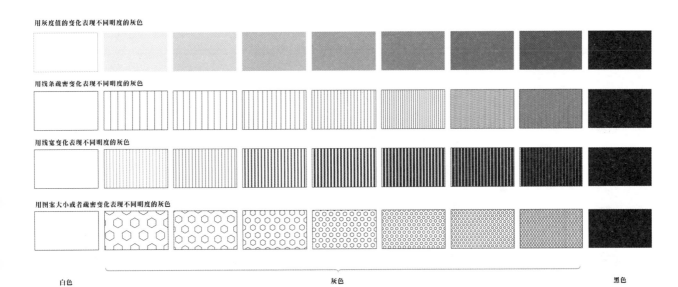

图 3-8 灰色的表现方式

灰度值可以选择疏密不同的线条排列进行区分，也可以直接用明度不同的色块表达。

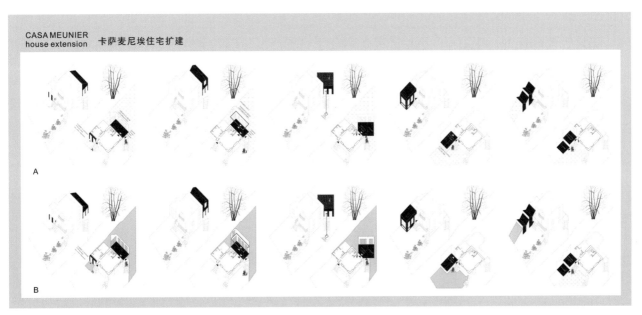

图 3-9 无色系图表

无色系的图表以黑色和白色为基调，结合灰色区分层次。灰度可以用点状或线状的黑色表现，即点或线的密集程度控制深浅，如图 A 所示；也可用黑白调和的灰色表现，如图 B 所示。

3.3.3.2 有色系

有色系即我们通常所说的彩色或色彩，它是由红、橙、黄、绿、青、蓝、紫等不同色相的颜色经过明度和纯度处理后组合而成。它既可以表现统一、调和（邻近色与同类色），也可以传达对比、差异（对比色和互补色），甚至能够表现更为复杂多样的美学法则，所以其属性比无色系更加丰富。在使用中，设计者需要遵循一些色彩设计的规则，挑选适合的颜色组合予以表现，一旦颜色选择失误或者配比失调都会大大的影响图面效果，从而损失信息或者缺乏美感，更有甚者会引起歧义，这就违背了制图的初衷，失去分析的价值（图3-10）。

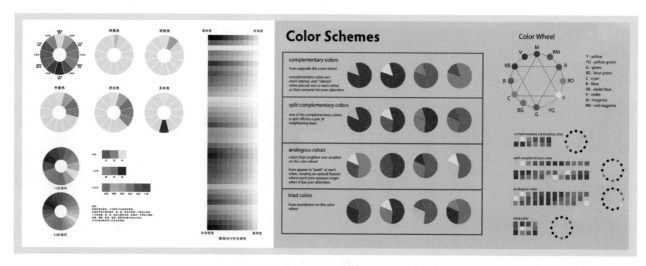

图3-10　色环图

从图中可以看到红、黄、蓝三原色（基础色）与橙、绿、紫三间色（二次色）以及三次色直接的位置关系，以此了解同类色、邻近色、中差色、对比色和互补色的对应关系。同时我们还能感受到色彩纯度变化与明度变化的效果。

在分析图制作中，使用有色系绘图的优势在于：便于区分形同义别的事物，从而减少文字描述所形成的信息荷载。由于色彩具有人们惯常的心理效应和寓意，因此在使用时注意表述内容与色彩含义相符，避免相左引起歧义。与此同时，还应注意每幅分析图的色调把控，确定冷暖调性，合理区分颜色主次，适度加入对比、互补色进行强调与区分。这类似于绘画，首先，需要定调，即色彩调性，冷、暖或中性色调；其次，选择相应的颜色，主色明确，用量适度，辅色柔和，增加丰富性，补色微量，提升鲜明性；最后，调整不同颜色的位置和用量，保证信息的正确传达，增强画面的视觉冲击力和美感（图3-11、图3-12）。

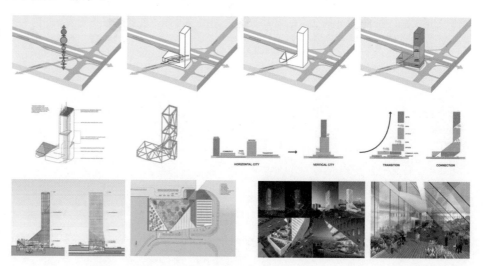

图3-11　分析图应用暖色系表达

设计者使用暖色系的红、黄、绿三种颜色为主调，结合浅灰色绘制分析图，局部区域用差异较为突出的蓝色予以强调。从图中可以看到无论是建筑区域的划分还是交通线路的指引都采用同样的颜色，这使得整个设计图纸具有统一性和协调感，并直观地表现出"垂直立交"的设计主题。

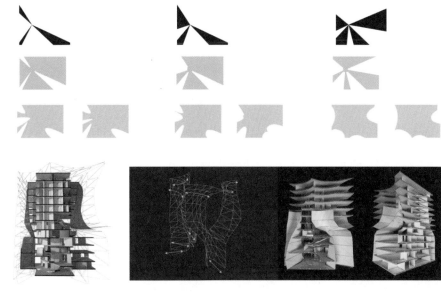

Sierra Club Headquarters
塞拉俱乐部总部

Showcase row: not a showcase item
Student name: Guanzhi Zhou
Discipline: Architecture
Degree: Bachelor
Level: Bachelor 3
Instructor(s): Ashley Schafer
Course: ARCH 3410: Architectural Design III
Term: Autumn 2013

图 3-12 分析图应用冷色系表达

图中，设计者用黑、蓝、黄三种颜色来表现不同楼层的平面，分别代表办公空间、公共宣传和教育场所三种不同的功能分区。这一色彩组合的运用能使读者迅速分辨出区域划分和形态变化。

3.4 表现技巧

本书第 2 章建筑室内设计分析图中已较为详细地介绍了建筑室内设计各类分析图的基本概念、内容和表现形式。不同类型的分析图，其内容差异较大，功能各不相同，因此在具体描绘时，不能一概而论，需要具体问题具体分析。本节将从分析图的不同类别着手，通过具体实例讲述分析图绘制的具体表现技巧，帮助大家更深入地了解各类型分析图的要求和构成特点，掌握其特殊的表现手段。

3.4.1 图表分析图表现技巧

3.4.1.1 柱状图的立体化处理和艺术加工

在室内设计过程中，图表分析图具有客观、中立的特点，绘制时使用柱状、曲线和饼状等简单的平面图形可以将事实与数据用便于设计者和大众理解的统计方式呈现出来，至于对内容及结论的判断则完全取决于使用者或阅读者。平面形式的统计图较为常见，不仅在设计领域，其他领域只要使用到统计学相关知识的都会用此类图表，所以我们在报刊、杂志等媒体中经常见到，对其并不陌生。这种平面形式的图表，加以立体化处理将使其表现更具张力。

在绘制图表分析图时，如果设计师希望引起读者的注意或让其感受到更加强烈的变化，那么，立体化的图表分析图将效果显著。随着计算机技术的发展，立体化的图形制作已没有技术阻碍，因此人们更愿意在各种媒体中看到形式感更强的立体图表。但值得注意的是，绘制立体柱状图应准确表达信息，避免歧义。

　　图 3-13 是一张同一内容不同表现形式的柱状分析图，其中图 A 是平面形式的柱状统计图，记录了国内某城市一住宅区域内，随着时间变化住宅数量和居民人数的变化。将图 A 这样的简单而普通的统计图向右上方拉伸，就得到了立体化的统计图图 B 和图 D，也就是将视线从正前方变为了左上角，此变化让图纸在视觉上显得更丰富而具体。再进一步变换视角，将看似枯燥的居民数绿色柱形往后挪，这个图表的比较性就更加明显了，同时由于增加了空间纵深，使图纸更具厚度。值得注

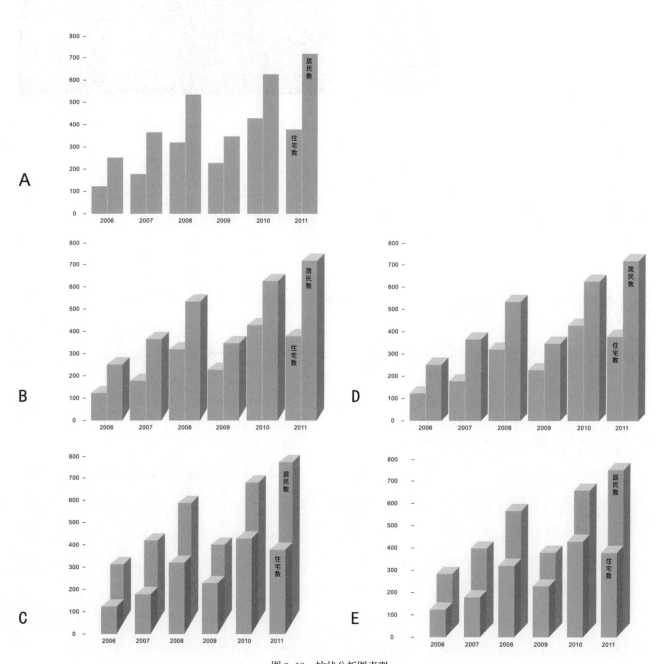

图 3-13　柱状分析图表现
对平面的柱状图 A 进行立体化处理，以透视（图 B 和图 C）和轴测（图 D 和图 E）视角方式予以呈现。

建｜筑｜室｜内｜设｜计｜分｜析｜图｜表｜达

意的是，图 B 与图 D，图 C 与图 E 之间有微弱的差别，图 B、图 C 采用了空间性较强的透视手法表现，而图 D、图 E 则使用了规整平行的轴测方式表现，前者符合人的真实视觉感受强调近大远小，后者突出空间的实际状态而突出线条平行的规范统一，两者无优劣之分，视具体描述对象而优选，只是通常轴测方式较为常用。

仔细观察图 3-13，可以发现，图 C 和图 E 其实存在有两个问题：①表示"0"的基线只是基于平面化长宽而言，并没有在纵深方向加以描述，尽管柱形立体化加深了视觉上的印象，但数据无法进行严格的比较，容易产生歧义；②后排的数据比前排的都大，所以不会被前排的柱形遮挡，但如果后排数据小于前排就会被遮挡，那应如何调整？此时，可以考虑进一步拉开纵深距离而使视角错开，但此方法较局限，只适用于希望让人一眼看上去就能产生直观感觉而不需要对数据进行严格比较的情况。要解决上述问题需要使用其他方法。

对图表进行艺术加工，既能解决图 C、图 E 的问题，又能赋予统计图视觉冲击力。由于立体化可以使统计图向不同的方向延伸，因此，假设正后方有太阳，那么地面上的柱状实体就会在正前下方留下投影，如图 3-14 中的图 F。但此图仍为平面，如果需要立体则可以假设太阳在柱状的右后方，这时投影就会移动到左前方了，如图 G 所示。对于具有相关性的统计图数据而言，即使图形向不同的方向延伸，只要表示"0"的基线一致，就不会产生错觉。随后，还可进一步对统计图进行艺术加工以加深读者的印象。对统计图所表示的数据展开具体的想象，如把住宅数看做是楼房，把居民看做一个个实体的人，图表就可以呈现出居民列队进出大楼的景象。只要在柱形上给楼房加上窗框，投影换上简单的人形符号，就成了图 H 那样具有强烈视觉冲击力的统计图了。此外，如果需要更加详细的数据，如区分老年人、中青年人和儿童的数量，则可以用不同的颜色对人形图案进行填充加以区分，使内容更加丰富具体。

立体化的柱状统计图能产生很强的视觉冲击力，艺术加工后更有栩栩如生的感觉，但是，如果需要多个统计图进行比较，就会出现新的问题：①柱状图彼此之间由于基线不一致而无法严格地进行比较；②立体化处理后靠后方的统计图始终会被前面的统计图遮挡。对于问题一，可以用投影的方式使其关联，注意此投影一定是以轴测方式出现；处理问题二，则可以调整图纸的视角或者拉开图表的纵深予以修正。

柱形图 I 中，三个统计图错开排列，尽管同时有三条表示"0"的基线，但并没让人产生错觉。原因在于三个统计图都在作为基准面的地面上产生了投影，而这个基准面就变成了整个统计图中唯一表示"0"的基线。同时，如果统计图之间形成了遮挡，只需将统计图间的进深调宽就能解决问题，此时统计图的间隔尺度不一致也没关系。图 J 在图 I 的基础上使用了成角轴测方式，使统计图之间的关系显得更清晰。这样的统计图出现在室内设计中，能产生让人意想不到的亲切感。

图I和图J，其"0"的位置虽然都在同一平面上，但都没有叠加而对齐，所以这样的分析图纸并不是为了对数据进行严格的对比。但它们都采用了视觉冲击力很强且阅读体验性更直观的立体空间表现手法。

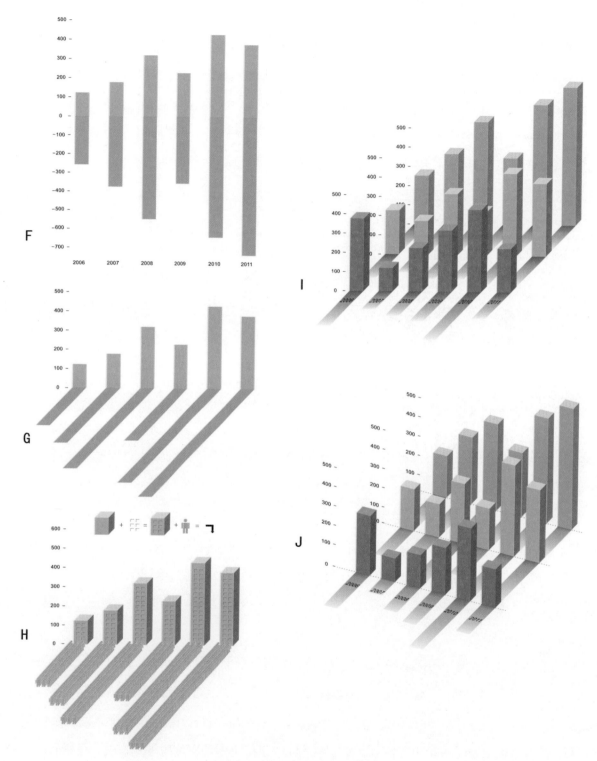

图3-14 艺术加工后的柱状分析图表现
对柱状图进行艺术加工，使其形成倒影、阴影的同时也具有功能性，再进行简易的形象化处理，使读者获得更亲切的感受。

3.4.1.2　曲线图与饼形图的表现

前文我们主要描述了柱状图的表现技巧，接下来我们看看曲线图和饼状图，其实方法大同小异。将柱状图 A 转换为曲线就得到了图 3-15 中图 K 的形式，图中的转折点都是以柱形的高点为基点，再用直线连接，就完成了一幅曲线图，曲线图最大的优势在于能让读者轻而易举地看出发展变化的趋势。将图 K 进行立体化处理后，转变成图 L 和图 M。如果需要多张图进行对比，则可以表述成图 N 这样的形式，它类似于柱状图 J。图 N 是一幅医学上用于描述肝糖、肾上腺素、血清素和皮质醇变化的统计图，一种颜色代表一种元素，随着横向时间变化其数据高低不一。为了便于各元素间的

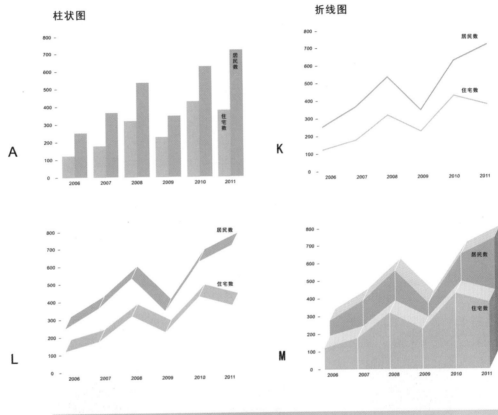

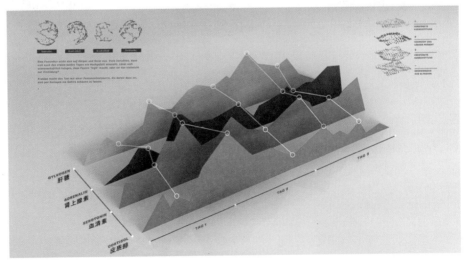

图 3-15　折线图分析表现
　　柱状图转换为折线图，并进行立体化和艺术化的加工，使其在准确展现数据的同时更加具有设计感。

比较，作者把同一时间节点的不同元素用线条纵向相连，使读者很容易看到其差异。这虽是一幅医学用图，但其表现手法完全可以移植到室内设计分析图表现中。

图 3-16 是饼状分析图的表现，其中饼状图 a 是最普通的平面形式，将其立体化后，图形变得丰富而厚重，但由于是基于正圆拉伸的圆柱体，视觉上缺乏透视关系而显得比较奇怪，因此，需要在图 b 的基础上缩短其高度，并让俯视视角下降一些，这样就形成了具有透视感的图 c。此处理既能清晰显示各区块的大小比例，同时又因为做了透视矫正——正圆变为椭圆——而符合读者的视觉习惯。在此基础上，如果需要强调某一部分，可以将部分圆柱切分，如图 d 所示，使其单独分离出来而得以被关注，或是像图 e 那样，将不同的部分用不同高度予以区别表示。此外，为了使图形显得更加轻巧，立体感更加强烈，可将圆形转换为环形，并依上述步骤予以立体化处理。由此，读者能感受到图 i 和图 j 所显现出的空间体量感和层次丰富性。当然，色彩的填充不限于使用单色，可以使用真实感更强的渐变色，这样，数据通过图形表现，能达到意想不到的展示效果。

0

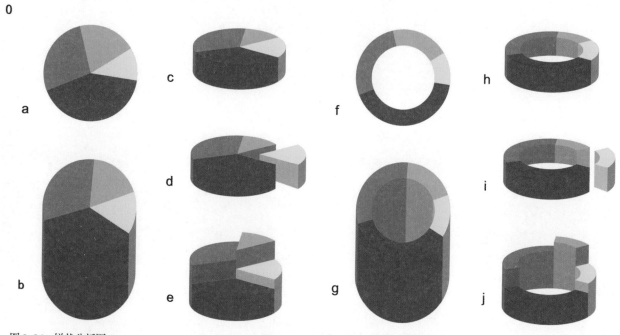

图 3-16　饼状分析图
　　对平面的饼状图 a 进行立体化处理和加工，使其层次丰富、展示直观；将饼状图绘制成环形图 f，再进行立体化处理，所得到的环形立体图会让读者得到更细腻的感官体验。

图 3-17 是国外一位设计师的个人简历，用图表分析图的方式将职业经历、学习经历和主要技能用统计图形式进行可视化表达。同时，设计师把他个人每日的咖啡摄入量与注意力、沟通能力、生产力和幽默感进行巧妙的比对，风趣而又直观。图表整合了曲线图和饼形图，并合理运用分析图描绘技巧，使得整个简历具有强烈的视觉冲击力和感染力，不失为一幅优秀的设计作品。

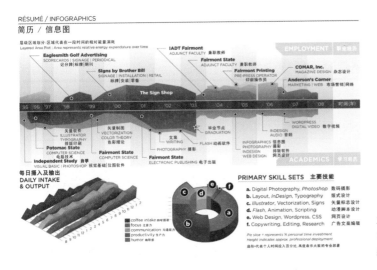

图 3-17　统计图形式的个人简历

图中结合了平面和立体的折线图及立体的饼状图，色彩搭配得当，加之辅以带有光影效果的渐变色，整张图表新颖独特而富有感染力，充满设计感。

3.4.1.3　改变柱形方向，并利用空间纵深

图 3-18 是一幅关于劳动力教育发展趋势的分析图表，图表采用柱状图的形式，罗列不同时间劳动力数量的变化。可以看出，此图并不是传统的柱状图，而是对柱状方向进行了横置，同时做了立体化延展以强调数量的增长。方向上的变化不但没有削弱信息的视觉传达性，反倒增强了时间流向的延伸感，使数据更具视觉上的感染力。特别是在纵深方向上的透视处理，准确表现了 1973—2007 年间与 2007—2018 年间的时间长度变化，使读者一眼就能辨识出差异。

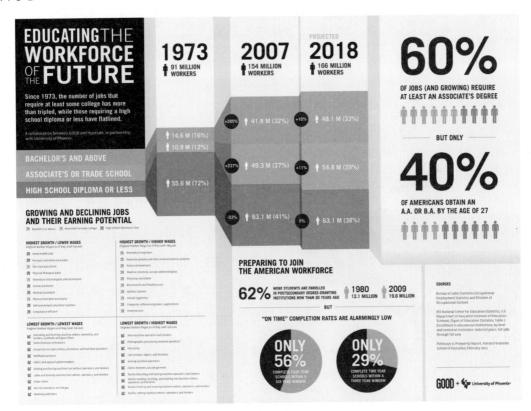

图 3-18　柱状图的横置与纵深延展

3.4.1.4 延展折线宽度，制造层级叠加

图 3-19 是一幅美国联邦政府在早教上的支出统计图，图表以折线图形式呈现，但图中显现的已不是线条，而是线条延展成的面状形态。随着时间的横向推移，面状成为了宽窄不一的带型，再进行纵向描述，进而显现出犹如地质断面的层级叠加效果，辅以不同的颜色后，信息表达更加一目了然。值得注意的是，制作者用垂直的竖向线条准确描述了时间节点的具体位置，方便读者对比。

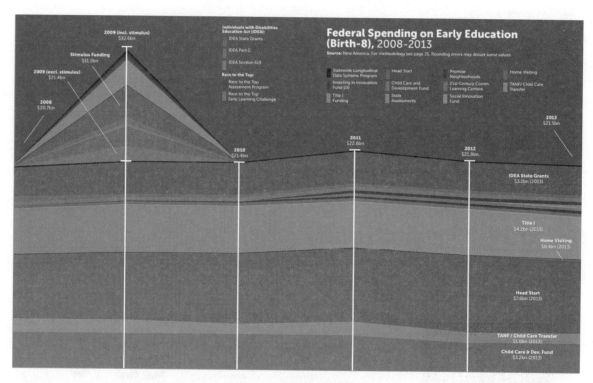

图 3-19 折线图的线面转换

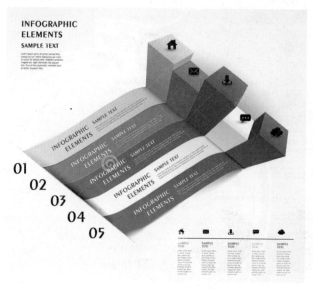

图 3-20 强烈的透视效果能增加图表的视觉冲击力

3.4.1.5 增加透视效果，并进行柔化

图 3-20 是一幅信息图表绘制案例，为鸟瞰视角，为了增加空间纵深，透视关系被强化，因此图中的柱形看上去像一座座拔地而起的高楼，视觉冲击力很强。此外，水平方向的带状则可以看做是柱状的阴影，作者在绘制时进行了曲线的柔化处理，与笔直的柱状形成对比，更有利于表现数据之间的比较。

建｜筑｜室｜内｜设｜计｜分｜析｜图｜表｜达

3.4.1.6 变化柱状形态，制造差异效果

图 3-21 是一幅选民投票率的柱状统计图，由于对其进行了弧形的旋转处理，因此看上去更像一幅环形统计图。但经过仔细观察，不难发现图中有两条轴线——代表投票率的纵向轴线和代表不同国家的横向轴线，作者刻意在横向的国家排序上做了处理，按照投票率由低到高的顺序进行排列，使数据变化具有了规则，便于读者查阅。图 3-22 仍然是一幅柱状图，但特殊且独到之处正是旋转形成的环状或者螺旋状，以及矩形环向排列后形成的放射效果。

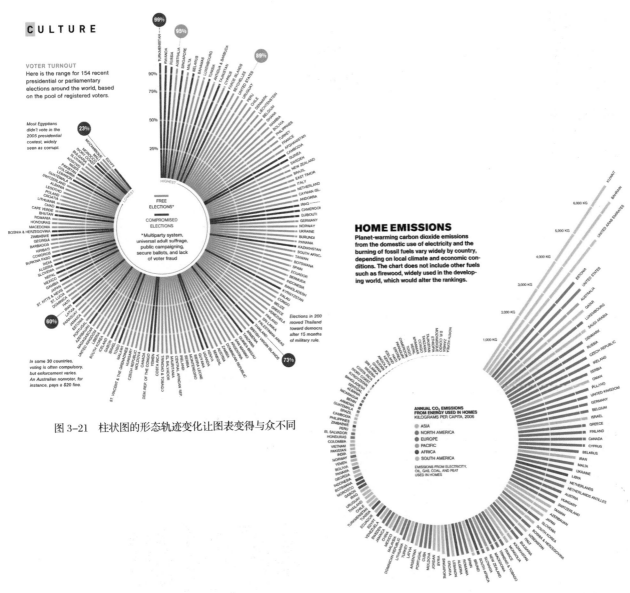

图 3-21　柱状图的形态轨迹变化让图表变得与众不同

图 3-22　由于数据的差异和作者对色彩的主观处理，
呈现出更独特的形态

3.4.1.7　增加趣味性和阅读体验的形象化处理

图 3-23 是一幅对烹饪成功率的统计图，作者在简单的柱状、饼形图基础上加入了与所述问题相关的元素，如蛋糕、平底锅、灶台和抽油烟机及厨师，用形象化的事物烘托主题，使信息传递不至于呆板和乏味。图3-24表现手法不但增添了主题的鲜明特征，而且带有强烈的趣味性，使读者在阅读中体验到轻松与愉悦。

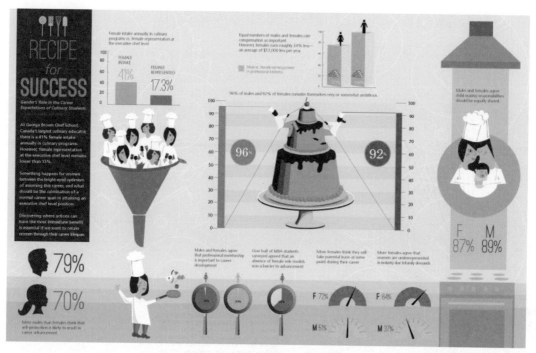

图 3-23　统计图表的形象化处理

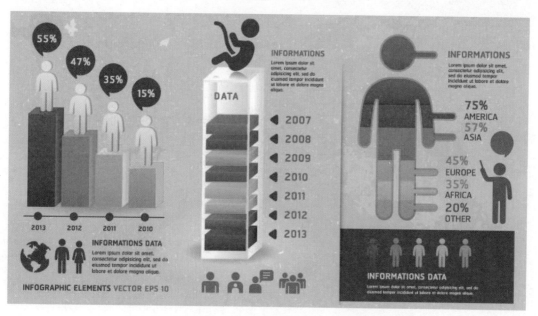

图 3-24　具象性和拟人化的处理能摈弃简单图表的呆板与乏味

建 筑 室 内 设 计 分 析 图 表 达

3.4.1.8　柱状、折线、饼形图的综合应用

图 3-25 是一幅全球移动用户统计图，图表整合了柱状、折线和饼形三种统计图方式，做了一种综合的运用。此图形式上类似于图 3-21 和图 3-22，以圆形的方式表现柱形图，只是柱形演变成为扇形，在纵向坐标即半径上列出了时间 2001 年、2006 年和 2010 年三个节点，同时还加入了人数信息。图表还使用了折线图的方式表达，即在柱形图基础上把同一年不同国家人数做了连线，这使信息传达更为直观。与此同时，图表整体形态为圆形，因此也算加入了饼形图的元素。此综合运用增加了图表的信息内容，也在表现上突破了传统而单一的形式，使图表分析图在视觉表现上更加独特直观。

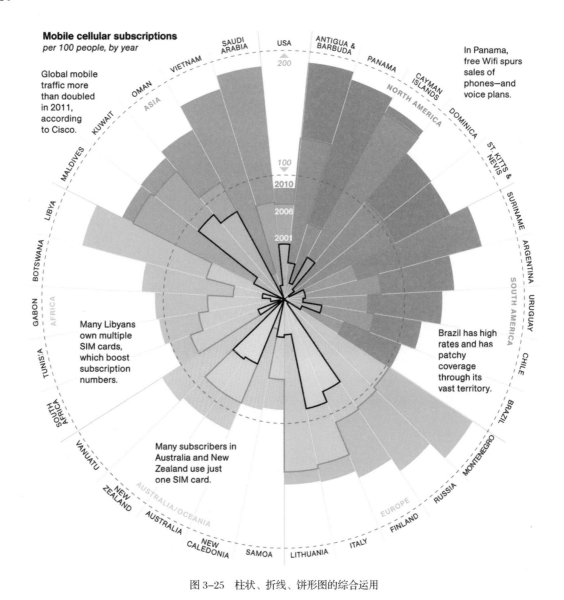

图 3-25　柱状、折线、饼形图的综合运用

建｜筑｜室｜内｜设｜计｜分｜析｜图｜表｜达

3.4.2　概念分析图表现技巧

在室内设计中，设计概念和主题仅靠语言描述是无法有效传达的，若要很好的对它进行阐释，必须借助图表的配合，概念分析图承载了这样的功能。它在室内设计中可以被看做设计的精神核心，所以掌握其绘制过程中的表现技巧显得尤为重要。前文曾讲述过此类图纸就是通常我们所说的示意图，其表现形式分为针对概念推理的泡泡图和进行流程示意与系统分析的树状图。因此在制图时，需要设计师一边面对项目的调研信息思考其核心内容，一边反复地进行框架构建和草图描绘，寻找最恰如其分的表现方式和视角，同时还需要绘图者具有精妙的文字——图形转换能力。

对于概念分析图而言，统计学是绘制前必须掌握的内容。统计学，是通过搜索、整理、分析、描述数据等手段，以达到推断所测对象的本质，甚至预测对象未来的一门综合性学科。简单理解，统计学即研究数据或概念之间的关系。它的使用范围几乎覆盖了社会科学和自然科学的各个领域。两个群体或概念彼此之间存在何种共同点和差异性？群体内部的子群体之间有何种共同点和差异性？子群体内部的个体之间又有何种共同点和差异性？研究其中的关系是统计学中的一部分内容，也是绘制概念分析图的核心，这种关系可以称其为关联性（correlation）。比如与办公空间相关联的内容有办公设施、办公行为、办公色彩、办公氛围等，具体到某一种特定类型的办公空间，上述的关联内容也会随之细化。在具体设计中，我们会考虑更多的因素，或者试图寻找一些非线性的模式，那么数据与数据、概念与概念之间的关系就变得更加复杂。

基于此关联特征，作为设计师一定要理清设计中各种元素之间的关系，因果关系、递进关系、包含关系、并列关系各自代表了数据或概念之间的不同联系。因果关系表现元素之间的缘由与结果，如住宅室内设计特点有温馨和舒适，温馨和舒适与住宅室内设计的关系为必然性的因果关系，因为是住宅室内设计，所以一定要设计出温馨和舒适的氛围。递进关系表现元素之间的某种特殊逻辑，比如体育用品商店室内空间设计的具体化表现为对售卖的体育用品的设计强调和对购买者激发购买情绪的环境营造。包含关系则表现元素之间的从属特性，如进行室内空间设计一定要处理整体与局部的关系，空间与墙、顶、地界面之间的区分。并列关系表现元素之间的平行序列，比如描述幼儿园的空间特性时会用趣味性、体验性、教育性等概念，而这些概念都是并行的，重要性同等又各自代表不同的表述领域。

由此可见，关联性可以帮助我们根据某一已知概念来预测和推导另一概念。要想探究这种关系，首先需要分析概念间的联系，并构建关系的框架。

3.4.2.1　框架构建

框架构建就是指针对整个项目设计主题进行的概念梳理和系统分析，其构建前期需要把调研的内容进行针对性的筛选和罗列，挑选出接近设计核心的词汇；再把这些词汇一层一层的推敲转换，使其由虚幻的精神变为实在的物质、由抽象的概念变为具象的形态；然后，用这些实在的物质或具象的形态去对照最初的设计核心，验证其吻合度，并甄选出最合适的一个核心词汇以及由此推理出的具象形态；最后将其转换为图形。整个过程需要设计师借助泡泡图和树状图进行逻辑推理，这其中的层级、路径，以及线条、图框等元素的合理布置将对框架构建的完整性和合理性起到决定作用。

图 3-26 是学生毕业设计所做的概念分析图局部，设计内容是迪士尼儿童玩具商店。设计前期，学生针对售卖空间和儿童商品做了大量的调研，并以泡泡图的形式予以展示。图 A 中，设计者构筑了一个整体框架分析设计项目，把设计划分成空间和商品两部分进行解读，同时总结出空间需要趣味性、体验性和教育性三个核心精神，然后推理出游戏和故事两种途径，再细化为道具、场景、角色、情节等具体形式，最后将其转换为具体的形式、色彩和材料进行空间表现。此分析图很好地诠释了概念分析在室内设计中的地位，使得设计方向以及设计所要解决的问题一目了然，主题的确定与主线的形成使设计变成了一道简单的填空题。

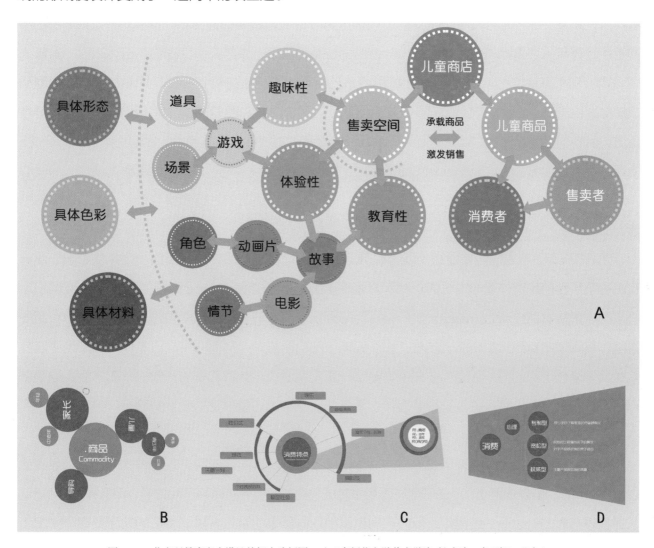

图 3-26　儿童玩具店室内设计的概念分析图　（云南师范大学艺术学院　钟咏洁、李巧娜、蓝宇）

建　筑　室　内　设　计　分　析　图　表　达

图 A 的表现形式为泡泡图，其绘制重点在于泡泡大小、层级所表现的整体框架与箭头、线条的衔接和划分。此外，色彩的搭配在类别规划上能显现出巨大的作用，特别是在内容较多、关系繁杂的图表中。从图中可以看出，为了让层级关系更为明确，可以使用三种方式进行表现：①运用尺寸大小不同的圆形表现，同样大小的圆代表一种层级；②使用不同色系予以区分，红色系、蓝色系或者绿色系表示一种层级；③利用辅助线进行划分，图中虚线隔开的位置表示层级的分界点。表述内容较少时，可以使用其中一种方法，这样使图面显得单纯统一；在内容较多的图表中，可以同时使用上述三种方法。

在图 3-26 中，有了图 A 的格局定位，接下来就针对每个节点做进一步的概念梳理。图 B 中，设计运用大小与色彩不一的圆形对消费人群进行可视化描绘。从图 B 中观众可以直观地了解到：对于儿童商品而言，家长与儿童是两个主要的消费群体，在此消费者与商品之间需要导购这一中介进行联系，而消费群体中的家长又细分为父、母、姨、舅、姑等中年人和爷爷、奶奶、姥姥、姥爷等老年人，儿童又细分为男孩与女孩。图 C 则根据图 B 的人群分类梳理出不同群体对待儿童商品的消费特点，青年人注重娱乐性、高科技、个性时尚及超前消费，中年人讲究理性、自我表现，老年人则强调计划和高性价比。图 D 是在图 A 和图 B 的基础上总结出的消费心理，即专制型、宽松型和权威型。由于商业设计的核心是消费文化，因此，图 B、图 C、图 D 的梳理将帮助设计者有针对性地进行后期的空间设计，并让空间服务于商品和消费者，最终促进商品售卖、顾客消费。从图 3-26 中可以看到，图 B、图 D 仍然使用的是泡泡图，而图 C 则运用了一种以圆形为基础的变体，即同心圆环，由圆心向外扩散的层级表述形式。因此，举一反三，适时的进行变换也是设计者应该具有的能力。

图 3-27 是另一位同学的概念分析图，其设计项目是位于昆明市文林街的一个儿童书吧。设计者从书吧所在的地理位置与书吧的功能两方面着手进行概念推演。一方面，在区位历史中发掘出冰心故居，紧接着抓住冰心的韵律学研究特征而推理出"理解节奏""感受自然"的阅读理念；另一方面，在阅读中找到儿童交流、参与、成长和体验的功能需求，从而联系上日本作家黑柳砌子及其儿童文学著作《窗边的小豆豆》，书中勾勒出一所儿童成长、教育和爱的天堂——巴学园，描绘了一位态度和蔼、善于倾听的校长小林宗作。两条线，总结出儿童书吧的设计概念——感知稚趣，阅读成长。

在分析图的表现上同样采用了简洁的文字和简单的圆形排布，然后进行递进式的推敲，最终使过程清晰可读，结果理所当然。由于格式采用中轴式，左右分别描述两种不同内容，而显得更为清晰；圆环加框形式的变化——线宽、线型的不同也成为划分层级的有效方法；箭头的艺术处理，使图面更富设计感。

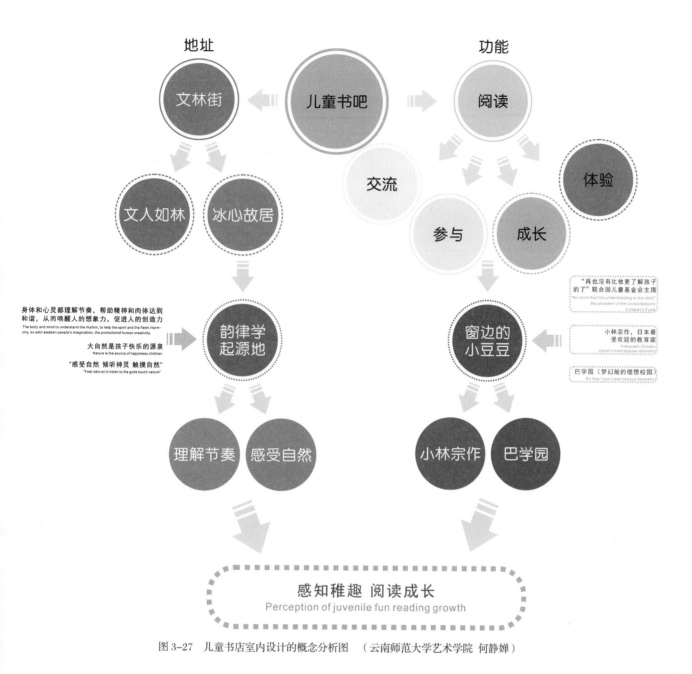

地址　　　　　儿童书吧　　　　　功能

文林街　　　　　　　阅读

文人如林　　冰心故居　　交流　　体验

参与　　成长

身体和心灵都理解节奏，帮助精神和肉体达到
和谐，从而唤醒人的想象力，促进人的创造力
The body and mind to understand the rhythm, to help the spirit and the flesh. Harmony, so asto awaken people's imagination, the promotionof human creativity.

大自然是孩子快乐的源泉
Nature is the source of happiness children

"感受自然 倾听神灵 触摸自然"
Feel natural to listen to the gods touch nature"

韵律学
起源地

窗边的
小豆豆

"再也没有比他更了解孩子
的了"联合国儿童基金会主席
No more than his understanding is to the child"
the president of the United Nations
Children's Fund."

小林宗作，日本最
受欢迎的教育家
Kobayashi Souaku
Japan's most popular educator.

巴学园（梦幻般的理想校园）
Ba Xue Yuan [ideal campus fantastic]"

理解节奏　感受自然　　　　小林宗作　巴学园

感知稚趣 阅读成长
Perception of juvenile fun reading growth

图 3-27　儿童书店室内设计的概念分析图　　（云南师范大学艺术学院　何静婵）

图 3-28 则是两幅树状分析图，其中图 A 是平面做法。面对风味餐厅的室内设计，设计师需要从多角度找寻设计概念。餐厅信息和餐厅所在位置的区位特征是两个重要主题来源，再向下细分，餐厅名称、logo、经营理念、菜品特色，以及地理位置中的经度和纬度、海拔、气候，交通状况中的道路和公交站点情况，周边环境包含的行政区划特点、业态、人群特征等都是设计者可以倚重的概念渠道。通过这些信息点的罗列与比较，选择其中最具价值的一点或两点作为最终的设计概念。由此我们可以感受到，面对信息繁杂的设计项目，树状形式的概念分析图更清晰直观，更有利于帮助设计者比较和甄别信息，优选设计概念。

建 筑 室 内 设 计 分 析 图 表 达

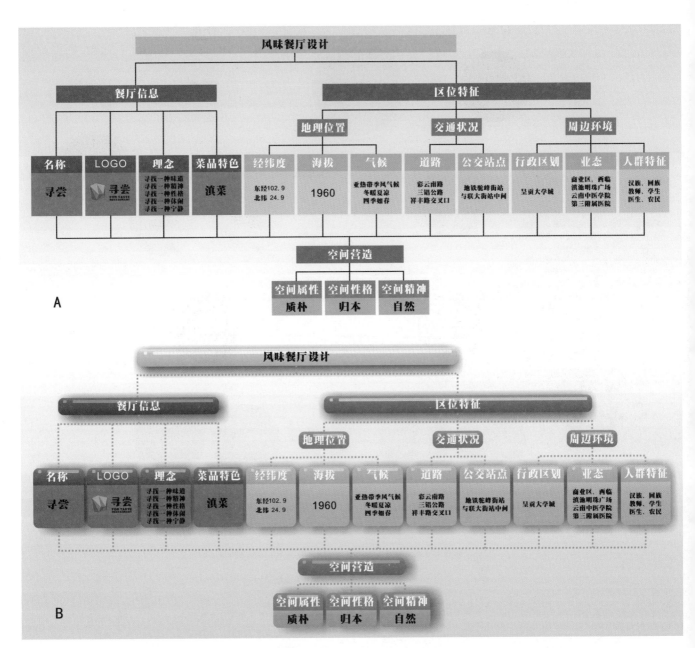

图3-28　特色餐厅室内设计的概念分析图　（云南师范大学艺术学院　顾秀娜、李乐、史艳明）

就树状图表现技巧而言，除了树状线条与方框疏密得当、排布整齐，色块规划合理外，适当的特效制作也能提升视觉感染力。如图B，把方框四角导圆，加入渐变色，在附上一点高光，使其呈按钮状，再添加上一点阴影，线条修改为灰色虚线，体量感增加的同时又赋予了图表艺术表现。

3.4.2.2　概念草图

概念分析图由于其内容承载形式简易直观，同时表现具体精确而迅速，因此可以大量运用草图方式绘制。直观的核心文字加上几何图框的简单勾勒，再用箭头或者线条连接后，一幅概念分析图就完成了。但是，在构建草图的过程中，并不是茫然地描绘，而应当绞尽脑汁地构思主题的合理性，预判各概念之间的层级关系与逻辑联系，反复地推敲所选词语的准确度与代表性。不同几何图形所代表的概念主次分明，层次清晰，它将作者的经验、知识、记忆等整合，使草图成为下一步图解设计的原型与基础。

图 3-29 是一幅住宅室内设计的空间功能分析图，设计师根据项目的空间格局与整体面积，结合用户的使用需求，采用泡泡图的形式，寥寥几笔，简易迅速地描绘出住宅的空间功能分区。从图 3-29 中不仅能看到各空间的位置与相互关系，而且还能根据泡泡大小粗略地估算出各空间的面积大小，最关键的是草图形式的绘制能迅速地表达设计者的想法。同时，如果需要修改调整，可以此基础为参考，绘制另一张草图，这样持续下去，最终完成的草图将集合各种思考、规避不同问题而趋近于完美。此外，我们也能轻易地从一张张草图中发现设计者思考的变化。在采用草图形式绘制概念分析图时需要注意：表现要直接，下笔要迅速，同时无需过多讲究

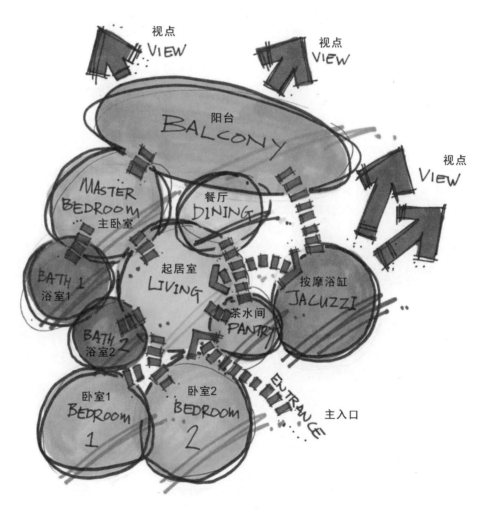

图 3-29　住宅室内设计的空间概念分析草图

形式美感。即经过大脑简单思考后立马将即时想法迅速的描绘出，如有新思考再继续或从新描绘，一定要想到什么表现什么。同时不用过于在意图纸的美观和整洁，也不用过于讲究所绘物象的协调感与流畅性。

3.4.2.3 分步骤分阶段罗列概念信息

图 3-30 是一幅分阶段战略设计和评估的分析图，图中把战略设计和评估划分为四个阶段：研发与生产、启动、契约和网络建设。同时，分析图表现了每个阶段的核心：确定发展、组织和跟踪、组织发展轨迹和建立轨迹，然后再细化各阶段的具体内容。此分析图虽然与室内设计无太多关联，但可以借鉴其构架与表现手法，即在设计概念的推演过程中分步骤分阶段的罗列相关概念信息，接着按一定顺序进行排列。表现上注重使用精炼的词语配合简易的图形予以说明，并结合色彩传达不同信息。

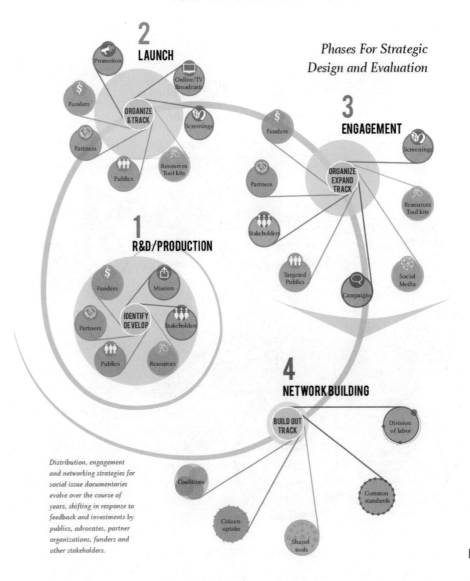

图 3-30　阶段战略设计和评估分析图

建 筑 室 内 设 计 分 析 图 表 达

3.4.2.4 文字中搭配简易而通俗的符号图形

图 3-31 是一幅互动项目进程的流程图，图中除了简短的概括性文字以外，还加入了简单易懂的符号元素来表现主题，结合线条、位置节点、色彩和几何图形（圆形与矩形）表示流程。大致浏览，图表似乎略显凌乱，但仔细解读，层级、进程和内容都清晰明了。符号元素的加入还避免了语言上的障碍，大大提高了可读性和趣味性。在运用此手法制作图表时，需要注意符号元素的概括性，尽可能地用最简单易懂的符号表达。

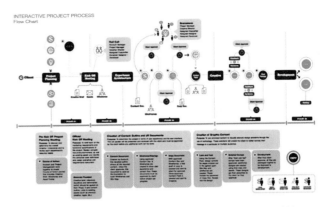

图 3-31　简易而通俗的符号元素融入图表能够增加可读性

3.4.2.5 运用不同线宽与色彩的箭头表现概念的主从与递进关系

图 3-32 中作者使用了不同线宽和色彩的箭头表现概念的主次与层级方向，线条与箭头成为图表的主体之一被强调，它们很好地说明了各概念节点的具体位置和前后关联。箭头本身具有明确的方向性，线宽和色彩的变化则为概念的内容与层阶划分起到至关重要的作用。如果在上述图表的基础上再对箭头的形态做适当区分，就能添加更为详细的分类信息指引，使图纸所描述的内容更加具体丰富。需要注意的是，无论是箭头形态，还是线宽、色彩，应严格地划分出几种类型予以应用，不能过于丰富，以免显得杂乱无序。

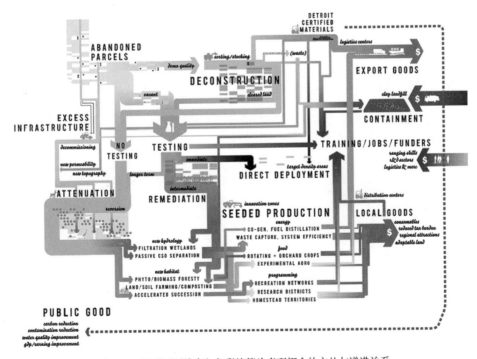

图 3-32　运用不同线宽与色彩的箭头表现概念的主从与递进关系

图 3-33 中罗列了多种不同形式的箭头，设计师可以根据图表内容和个人喜好选择相应的箭头进行概念分析图的绘制。

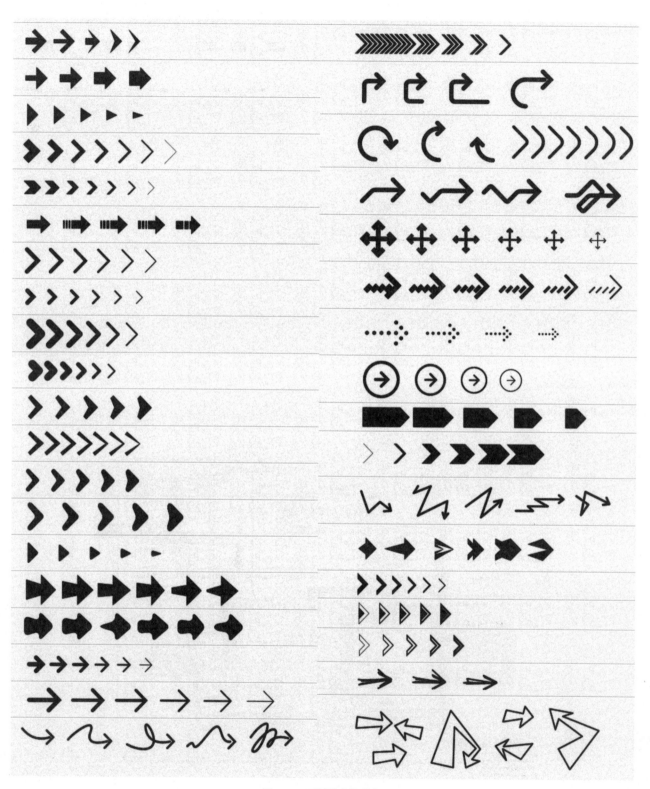

图 3-33　不同箭头的形式

|建|筑|室|内|设|计|分|析|图|表|达|

3.4.2.6 图形为主题的概念表述

图 3-34 中，作者提出了过滤的设计概念，并以可视化的图形为描述主体，配以简要文字说明进行概念阐释。设计者将城市背景通过筛选、扩散、组织等方式层层过滤后得到净涤的独特层次。在表述此概念时，作者特意选用了两条线进行分析，一条为设计本身的手段与具体形式，如用网墙表示屏障、阵列的柱网表示传播、体块切割表示不同功能分区；另一条则为在每层过滤中所析出的内容，层层过滤后最终得到洁净的事物。两条线都使用了图形和符号元素替代文字，让图表通俗易懂图 3-35 给出了另一个相似案例。

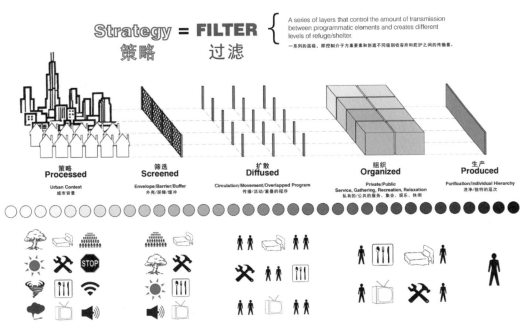

图 3-34 使用图形和符号元素表达过滤的设计概念，让解读更加容易

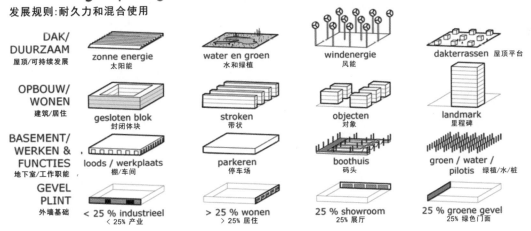

图 3-35 以图形表述设计概念

用图形表述设计主题中不同的功能性概念，梳理整理，以此推敲和论证核心概念的正确性，图形元素的使用能够更加形象具体，让理解不易产生偏差。

建 筑 室 内 设 计 分 析 图 表 达

3.4.3　形态分析图表现技巧

在整个室内设计过程中，使用量最大的一类分析图就是形态分析图，因为设计的核心是解决功能问题并提升视觉美感，无论功能还是视觉的需求都离不开"形态"这一中心元素，因此，在设计时，设计者需要绘制大量的形态分析图，以推敲出空间功能与视觉美感有机融合的空间形态，与此同时，此形态还需要符合设计主题，使设计表现手法完整而成体系。

在进行形态分析图绘制之前，需要准确地理解和把握空间。人们生活在四维空间中，大部分人认为长、宽、高和时间代表了空间里的四个维度，这其实是一种误解，因为空间以长度为单位来计量，可以看做是三个互相垂直的轴线所包含的区域，即长、宽、高。但物理空间并不仅限于这些区域，空间中还有能量场、引力场、微观粒子等其存在于空间不能以长度来衡量的区域。因此，牛顿定义的三维空间为长度、数量和温度，其中长度包括了长、宽、高、容积等，数量包括了质量、个数、次数等，温度则包括了热量、电能、电阻率等。爱因斯坦的广义相对论在此三维基础上加入了时间维度，与前三维共同构成了四维空间，此处的时间也不是单一概念，它包括了比热容、速度、功率等。如果从量子物理学角度看，空间还有更多维度，此处不再展开赘述。这里描述四维空间的目的，就是为了提醒大家在进行空间中的形态分析或者设计时，不要局限于眼睛看到的长、宽、高，应该以更多维的视角去解读和分析空间，比如把时间概念中的速度和加速度考虑到形态中，形就不仅是长宽高的尺度，而会产生奇异的变化，如果以微观视点观测物象，形则具有了各种能量，能量相互转化则影响其外在的态。这在进行具体设计的时候尤为重要，如能妥善运用将创造和拓展出更加丰富的设计思路。

设计者在设计时往往通过概念分析图的绘制找到合适的设计概念，并进一步将此抽象概念转换为可视的图形进行形态示意。而后的工作，就需要借助形态分析图予以推理了。形态分析图将把简易的图形按照功能需求与形式美法则进行搭配、组合，以最独特的视觉形式呈现出。这里虽然无法把前文讲到的多维空间概念直接运用于图纸描绘中，但并不影响我们借助此思路以文字和二维图像的方式进行表述。在绘制表现时，需要设计者注意形态表现的三个方面：形式服从功能，形态符合主题，以及造型演化满足理性逻辑和视觉审美。

3.4.3.1　形式服从功能

19世纪末，美国芝加哥建筑学派的代表人路易斯·沙利文（Louis Sullivan）在其著作《高层办公大楼在艺术方面的考虑》（The Tall Office Building Artistically Considered）中提出了"形式总是追随功能"（form ever follows function）这一口号，从而将现代主义中的"功能主义"思潮推向了一个高潮。后人沿用"形式服从功能"来表达建筑设计上装饰与结构的关系，即不是盲目排斥装饰，让装饰具有建筑物所必需而不可分割的内容，并让其依照建筑的功能设计。功能主义是主张设计要适应现代大工业生产和生活需要，以讲求设计功能、技术和经济效益为特征的学派。这一理念不仅针对建筑设计，其运用在产品设计中得到巨大拓展，在设计中注重产品的功能性与实用性，即任何设计都必须保障产品功能及其用途的充分体现，其次才是产品的审美感觉。随着工业化生产的发展，机械美学和结构美学荣登历史舞台并延续至今，这一美学概念在形式服从功能理念的基础上更加强调形式的逻辑性与流程、技术与结构，以及形式的运动性或流动性，强调超感官的理念，表现风格倾向于外骨架效果。

在形态分析图绘制中，可以借用形式服从功能这一原则，即设计者在绘图时需要让事物形式首先满足人们对空间的功能需求，而不以视觉上的装饰为主，空间尺度、天花造型、地面肌理、墙体形态与质感、家具设施形式与风格等首要考虑受众使用的便捷性与感官功能性需求，图纸的描绘表达也应注重人们读取信息的准确性、习惯性、视觉心理感受以及视觉传达的流行趋势。

图 3-36 是一栋建筑设计的平面形态分析图，设计师将普通的矩形紧凑结构根据功能需求演变为多孔结构，而后同样按照使用要求进一步设置差异性调整，最后得到空间平面并划分功能区域。紧接着，作者对此平面进行空间联系、电梯设置、区位分析、庭院布置和视野规划，以此深化设计，并验证平面形态的合理性。在此形态分析图中，作者仅仅使用了简易的矩形、箭头和少量的色彩进行描述就清晰的说明了问题，而且统一规整。这主要得益于使用同一平面去变换色彩、添加箭头，进行不同功能的分析。

图 3-36　建筑设计平面形态分析图
　　设计中作者将空间平面形态根据功能的需求进行改变，得到独特而满足使用的形式。

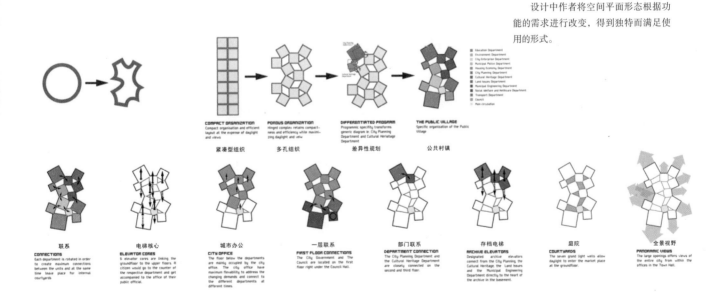

图3-37是一栋综合性商场室内空间里中央天井的设计形态分析图，设计师借用风扇叶片的形态，经过加工处理，转换为天井造型，并以平面示意图的手法表述典型商场天井功能性构造与形态的关联。作者先截取实物图片作为设计依据，对其进行概括性描绘和分析，然后将其引入空间中，最后呈现与空间结合后的效果。

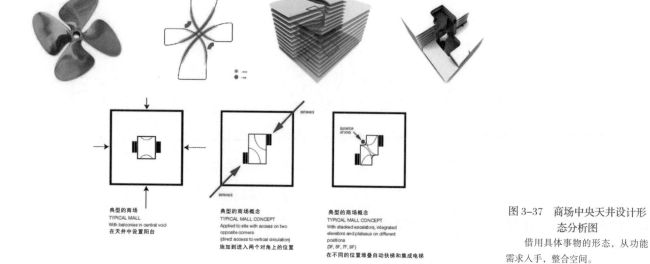

典型的商场
TYPICAL MALL
With balconies in central void
在天井中设置阳台

典型的商场概念
TYPICAL MALL CONCEPT
Applied to site with access on two
opposite corners
(direct access to vertical circulation)
施加到进入两个对角上的位置

典型的商场概念
TYPICAL MALL CONCEPT
With stacked escalators, integrated
elevators and plateaus on different
positions
(3F, 5F, 7F, 9F)
在不同的位置堆叠自动扶梯和集成电梯

图3-37 商场中央天井设计形
态分析图
借用具体事物的形态，从功能
需求入手，整合空间。

3.4.3.2 形态符合主题

对于各种空间与界面的形态推敲和变化，必须与设计主题相吻合。主题要求形式以流线型表现，就尽量不用棱角分明的几何形；需要中式传统符号表现，就不要使用欧式纹样；需要用圆形表达，就多思考不同尺寸、比例、角度的正圆如何搭配组合。即便使用对立或者矛盾的形态也一定是为了对主题进行强调、类比。比如设计某服装专卖店，主题确定为"稚趣"，根据此概念特征，设计中可以找寻一些与儿童相关的元素，具体而言，适合用弧形和曲线形式进行表现。

设计过程需要形式符合主题，图纸绘制也须如此表现。在具体绘图中，如果使用线条这一元素，可以在其宽窄、长短、交叠、平行等形式上做文章，尽可能地运用线条这一基本元素进行不同推演，使转化而成的新形态与主题相呼应，并在不同空间中产生微妙差异，使其表现在主旨上成体系而在细节上有变化。如果设计内容以体块为主，那么在制图中也需要用色块或体量形式予以表现。

图3-38是一建筑设计竞赛的作品，主题为吹胀，即用柔性材料填充气体塑造空间，设计师运用立面图的方式展示建筑的结构和充气、排气过程中立面形态的变化。此分析图简洁直观，仅使用简单的几根线条就表现出建筑结构，黄色块面则表示出充气空间。由此看来，在进行形态分析时，不需要繁杂的细节处理，只要把握住空间的核心予以描绘就能充分说明问题。

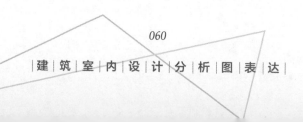

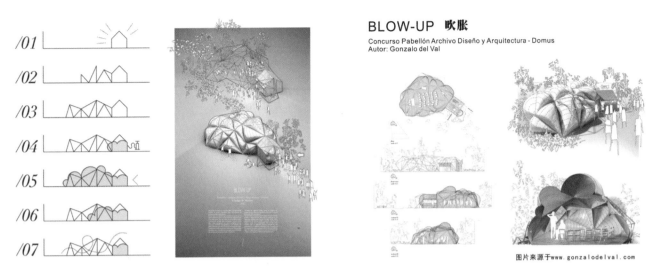

/01
/02
/03
/04
/05
/06
/07

BLOW-UP 吹胀

Concurso Pabellón Archivo Diseño y Arquitectura - Domus
Autor: Gonzalo del Val

图片来源于www.gonzalodelval.com

图 3-38　形态符合主题，分析简洁明了

　　图 3-39 是一特色餐厅室内设计的形态分析图，图中作者用山茶花作为设计概念——内秀的元素，把花瓣概括为三角形，然后运用折纸的方式表现在空间的墙、顶、地等界面中。三角形态由花瓣而来，山茶花又出自设计概念，因此形态完全符合主题。而折纸的手法从另一角度增添了设计方案的趣味性和独特性。

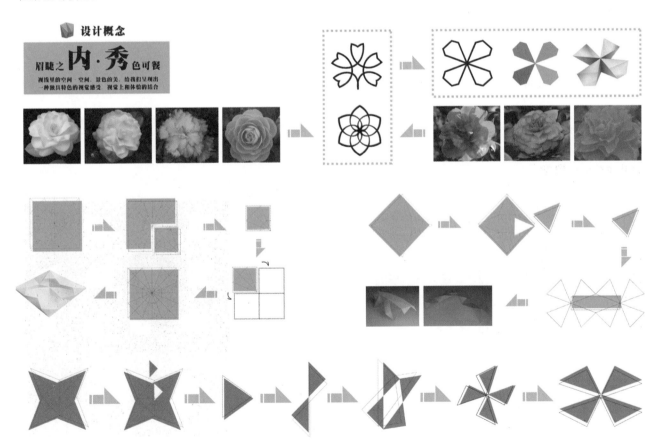

图 3-39　特色餐厅室内设计形态分析图　（云南师范大学艺术学院 顾秀娜、李乐、史艳明）
内秀的设计概念以山茶花的形态予以表现，花瓣转变为三角，虽缺少些许柔美，但不失现代简约的空间特质。

建 筑 室 内 设 计 分 析 图 表 达

3.4.3.3　造型演化满足理性逻辑和视觉审美

既称形态分析，那么在表现时一定是步骤式的过程，而不是突兀的结果。因此形态演化中的每个阶段与前后步骤的逻辑联系必须清晰可读而且具有视觉上的形式美学原则。在进行形式推敲时，中间步骤可能较为繁多，这时可依据人们的阅读习惯进行排列，一个一个整齐划一地展示，演化出的造型，不仅最终结果可用，中间步骤也可以合理利用。

这种公式推算步骤式的造型演变图是分析空间形态常用的方式，前文描述的参数化矢量设计软件蚱蜢是绘制此类图最得力的助手，设计者在推敲空间或物象造型时可设定参数控制形态的变化，当其中某一种或某几种数据发生改变时，空间或物象形态随之改变，截取每一次变化的最终效果加以组合就得到了一幅逻辑连贯的形态演变分析图。用此方法要比在 3ds Max 等软件中手动修改空间形态方便很多。与此同时，数据的变化也能被有序记录并与最终形态产生直接关联。当然，设计者再最后还需要使用一些平面设计软件对图纸效果进行视觉优化处理，这种处理的最终目的是去繁就简、突出核心，并顺应读者的解读习惯。

图 3-40 是圣崇 - 马德里的朱斯建筑工作室设计的位于西班牙里约市爱马丹的一所小型教堂的分析图。设计采用现代主义的手法，对空间进行简单的几何形折叠变形。设计师在描述空间时，使用剖立面图和轴测图予以表现，特别是在剖立面图中，对空间内部的界面使用了较粗的线条标识，以进行强调。此方法在视觉上形成明显差异，让阅读者迅速看到形体的重点。与此同时，在进行空间形态分析上，设计师运用了折纸的手法推敲，这让观者能够清晰地理解建筑造型的由来和演化过程，逻辑严密，形式美法则的控制也恰到好处。

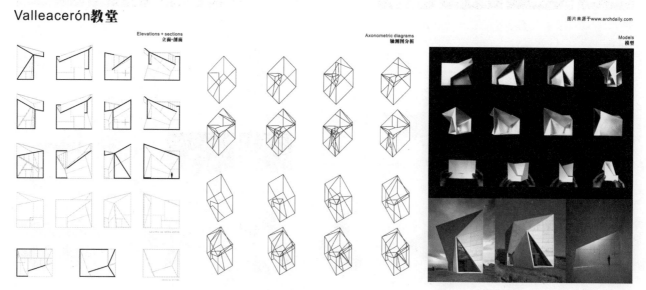

图 3-40　小型教堂设计分析图（图片来源：www.archdaily.com）
运用折纸手法对形态演化的推敲逻辑严密，并合理地使用形式美法则使空间形态具有强烈的视觉审美特征。

| 建 | 筑 | 室 | 内 | 设 | 计 | 分 | 析 | 图 | 表 | 达 |

图 3-41 是哥本哈根的 PinkCloud.dk 事务所设计的位于上海的综合性住宅楼的分析图局部，设计者提出了一种新的城市类型学，满足居民需求的同时最大限度地提高工作和生活质量。社区和公民成为一个灵活的框架，适应环境和经济的变化。城市通过填充空隙和死角，用欣欣向荣的邻里更新城市薄弱地区。分析图用步骤式的推导演示空间造型的由来，运用透明体块展示隐藏位置。

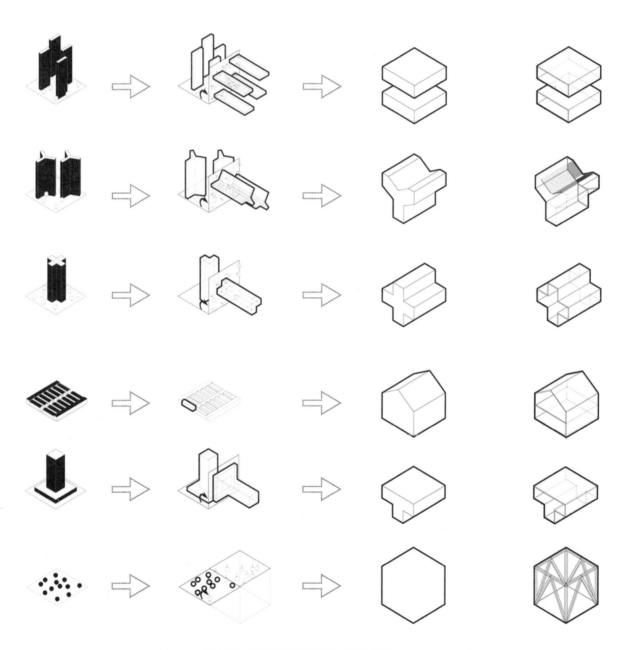

图 3-41　综合性住宅楼设计分析图局部（图片来源：www.bustler.net）
黑白 + 线条 + 透明体块 + 箭头，步骤明晰、逻辑缜密。

建｜筑｜室｜内｜设｜计｜分｜析｜图｜表｜达

3.4.3.4 发散性的形态推演

在室内设计中，对于空间形态的处理不仅仅是直线化的运算公式性的逻辑推理，还可以用发散性的方式推敲，这犹如中国传统文化中道家思想描述的"一生二、二生三、三生万物"的哲学理念。一个基本型衍生出多个同类造型，再派生出更多的形态，然后从中甄选出最优者。这类似于"图形创意"课程中的发散性思维训练内容。比如，老师给出"圆形"这一抽象概念，要求学生迅速联想出 10 种相关联的图形，而后又以这 10 种图形为基础，每种图形再想出 10 种图形，以此类推，经过几次推敲后，我们会发现最终的图形与最初的"圆形"之间存在的非线性关联，这一对比和关联将出乎意料，而且非常有趣。

根据此方式绘制出的形态分析图将以螺旋式的结构呈现，这种对空间形态的推敲在设计中将会使最终生成的形极具创意，在形态分析图的表现上，此类型也有别于线性推敲的理性逻辑而显得别具一格。

3.4.4 功能分析图表现技巧

功能分析图重在分析室内空间的功能，那么，室内空间中有哪些功能需要或者值得分析？在绘制相应的分析图时又应当怎样表现呢？其实，整个室内设计过程中有很多功能需要梳理，但众多功能中真正需要设计师分析的只有一部分，它们一般有区域划分、交通流线、视点视域、材料与构造、采光与照明、自然通风等，另一部分如强弱电、给排水、消防系统、供暖系统则需要其他专业人员处理。

对于这部分内容的分析由于其性质为专项功能，因此图纸有别于前面三种分析图。无论是图表分析图、概念分析图，还是形态分析图，对于非专业的读者而言，一般都能被正确的阅读和理解。而功能分析图则不同，读者需要了解和掌握一定的相关知识才能准确解读，否则理解就会有偏差而产生误读和歧义。这对于设计者而言，是不能置之不理而必须去解决的问题。最简单快捷的解决的办法就是借助分析图，用图像的形式让所有读者迅速看懂。因此，在绘制此类分析图的时候，需要尽可能地使用一些简易的图形语言表现，把晦涩的专业术语、数据和代码用可读的图像展示出来。

讲到这里，可能有人会有疑问，用简单易懂的图形表述专业的术语数据是否会损失功能表达的准确性？如果图纸是只为某一部分特定的读者设计，是否需要进行大众化的处理？对于第一个问题而言，答案是否定的，此类表述不会损失功能表达的准确性，但是要进行这样的表述转换是需要花费成本的，即花费时间、精力去设计绘制。因此这样做的必要性就值得商榷，作为设计师应该根据实际需求对图纸进行合理的表达，即读者不同，功能分析图纸表现的方式也应不同。所以针对第二个问题，答案也是否定的。面向不同的读者进行可视化的功能分析意味着可视化的目标不同。目标取决于设计者想要人们看懂和理解的内容，准确性、真实性、绘制成本和效率永远居于目标清单的第一位，因此向部分专业人士、非专业客户或者大众群体展示，视觉表现形式是不一样的。

为专业人士绘制的功能分析图是最简易的，设计者不必过多地考虑阅读困难，而只需把信息如实、准确和形象地表达即可。为非专业客户绘制的功能分析图就要对信息加以设计处理了，因为这类人群大部分都不了解专项功能。由于面对此类人群大部分属于设计方案汇报，读者人数不多，且形式上以幻灯片方式讲解，因此设计师可以带着读者一起去了解你的分析过程中画的图，而且毫不夸张地说，大部分人都能跟上设计师的逻辑。这样，设计师就可以用图纸表现重点，用语言讲述难点，同时尽量表述详细，避免不够充分。最困难的是为大众群体绘制的功能分析图，因为大众对功能信息的认知和数据的熟悉程度会千差万别。这并不意味着设计者得降低可视化表现的难度，或限制展示的内容，但必须保证在合理的范围内解释复杂的概念，绘制的分析图避免使用专业术语，也不要以相关性的方式展示信息。

了解了针对不同人群绘制功能分析图的表现要求，接下来，我们就一起看看需要设计师分析的不同功能如何用图解析和表现。

3.4.4.1 区域划分分析图

在空间中的各种功能中，首当其冲的是空间中的区域划分，也就是通常所说的功能分区。任何项目都有不同功能的空间需求，如住宅分为客厅、卧室、书房、厨房、餐厅、卫生间等区域，餐馆中有门厅、接待区、等候区、开敞就餐区、包房、厨房等区域，办公空间有接待区、会议室、开敞办公区、文印室、展示区、经理董事长办公室等空间，对于这些空间设计者应该根据不同人的不同使用需求来进行位置、面积、形状等方面的规划。对于"功能分区"功能的分析，可以先使用草图形式的泡泡图进行大致的位置与比例分配，梳理各空间关系，然后以标准的图纸再量化具体面积、空间形状等细节，一步步让格局逐渐清晰。此处，平面图纸是基础，如果是对于单层空间的分析，平面或者鸟瞰轴测视角都可使用，如果是面对多层空间的分析，则运用鸟瞰轴测视角进行上下对位叠加的方式更有利于观看与解读。为了便于读者了解空间高度，一般可以把平面图立体化；为了便于读者区分平立面，以及不同的区域，还可用色块予以填充，或者用不同颜色、线宽的线条进行标示。

如图 3-42 所示，这是一组空间功能分区的分析手绘草图，设计师使用不同颜色的马克笔框选区域并用简短文字说明。为了便于直观的区分空间，设计师大胆地使用纯度较高的对比色或互补色，此外空间中的出入口和主要通道都标示箭头。从此分析图中可以看出，分析草图的主要价值在于：①绘制简洁迅速，方便修改调整；②能够帮助设计师快速的理解空间；③对读者展示设计过程，特别是设计者思考和修改的过程。

与此同时，分析草图由于其自由、灵活且带有作者的主观性艺术表现特征，因此也可被看做画

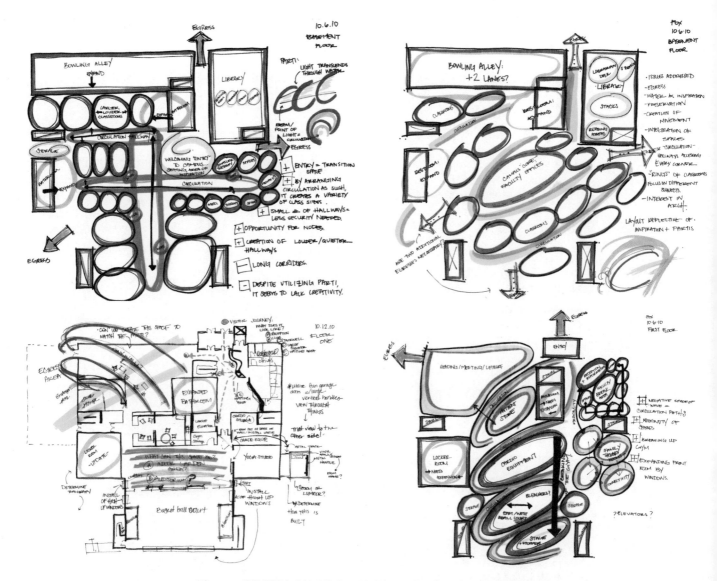

图 3-42　手绘草图方式的功能分区分析图，主要用于设计师自我解读空间

作而展示。设计师为了提高设计效率，常常用分析草图进行粗略设计，确定功能分区后，再用软件准确绘制，并给予展示。绘制分析草图，不一定要精确和规整，但一定要快速、准确和醒目。

　　图 3-43 是两组规整的功能分区分析图。图中用不同色块规范的描绘出空间中的各区域，并结合箭头和符号标注出入口、通道、卫生间、电梯等位置。其中图 3-43（a）所示的形式，经常在大型商场、高档办公楼等空间中看到。它主要用于展示，比手绘草图形式的分析图能更准确地说明分区比例和位置关系。在描绘时，需要注意交通空间与功能分区尺度比例的精确以及色彩的合理使用。此外还可将平面图立体化，使其成为鸟瞰视角的轴测图或透视图，如此处理，将大大提高读者对空间的感知力。

建 筑 室 内 设 计 分 析 图 表 达

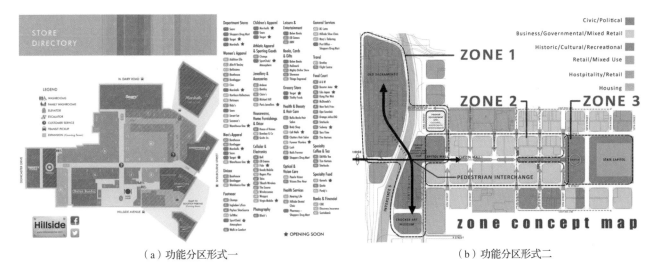

（a）功能分区形式一　　　　　　　　　　　　　（b）功能分区形式二

图3-43　功能分区分析图

规范而精确的功能分区图，合理使用色彩对不同区域进行填充。

由此可见，区域划分分析图是为了说明空间中的区域类型、分布、位置、大小等内容，因此使用色块表现是较为直观的方式。由于每个项目中的空间性质不同，因此区域类型与位置、尺度也不相同，所以在绘制此类型图纸时需要特别注意色彩的选择。一般而言，同类色或相邻色可以用于表现同一类型的场所，如住宅室内空间设计中，可以用红色、橘红和橘黄分别表现客厅、餐厅和厨房，因为它们都代表住宅中公共性质的区域；对比色或互补色可以用于表现不同性质的空间，如大型综合性商场室内空间设计中，用红色、绿色和蓝色分别表现餐饮区、购物区和游乐区，因为此三种区域性质不同。这样处理便于读者识别和分辨空间性质和类型。

此外，在绘制过程中还需注意空间中的图底关系。在商场、酒店、车站等公共空间中，一般都把空间划分为公共区和半公共区，前者主要包括门厅、中庭、大堂、过道、楼梯间等区域，后者则包含店铺、卫生间、配电间等具体的功能空间。在绘图时，我们通常把公共区看做底图，而半公共区则是底图上的色块，底色一般用不太显眼的白色或灰色系填充。这类似于城市中建筑与街道、广场的关系。如此绘制，画面中就呈现出色块与色块的组合，线条，这一形式则用于另一项功能——交通流线分析。

3.4.4.2　交通流线分析图

有了功能分区，接下来就必须有各区域的连接路线、出入口等交通空间的流线路径分析，这就是通常所说的交通流线。此类功能主要帮助人们理解空间而进行合理行径及遇到紧急情况时的安全疏散。因此，其分析在设计中是非常必要的一项工作。不同类型的空间是为人们提供不同的功能使用需求。人们在使用各种空间的同时离不开行径，从一个空间到另一个空间需要行走，在同一个空间中工作或学习也需要来回走动，那么，交通就成为空间中的另一个核心功能，在设计中有至关重要的价值。一位国内知名设计师在设计一家餐饮空间时，把交通流线功能提取出来作为设计的重点，其设计最终效果是为餐厅的服务员每人每天节省了至少 5 公里的步行距离，在投标汇报时，这一亮点得到了甲方的充分肯定，设计方案中标。由此可见，交通流线设计的价值和意义非凡。此外，值得注意的是，人们都善于寻找捷径，在空间中，直线行走路径是人们最喜欢的，除了有意散步外，谁都不愿意花时间环绕行走。

在绘制此类分析图时，设计师同样需要依据平面图，添加线条和表示方位的箭头。此处，线条成为图中的主角，不同线型、颜色或线宽的线条能够表现不同主体或者不同类型的路径。比如在餐饮空间中，出于使用需求差异，大致可以将人群划分为顾客、服务员和其他工作人员（主要是厨师、食材采购员和送货员）三类。这三类人群的行径路线和活动区域是不相同的，顾客主要在就餐区活动，服务员来往于就餐区和配餐区，其他工作人员则主要在制作区和储藏区活动。三类群体需要三种不同路径，因此，可以把线条分为实线、虚线、点划线三种线型，或者用不用颜色、不同线宽进行表现。这样绘制再配上图例解释就能够非常明显地呈现出不同路径。表现过程中还需注意明确标示出主入口、次入口、出口、安全通道等空间节点，以及运用不同箭头或符号说明方向。

图 3-44 是一幅展览馆室内设计的平面布局图和交通流线分析图。图中，作者用箭头标示了空间的不同入口，明确区分了观众、员工和展品运输的不同路径，并将观众参观路径作为主要交通流线，用虚线和箭头做了详细的表现。图纸简洁明快，使读者能轻松地分辨出不同入口和主要流线路径。这得益于线条、色块、箭头和色调的使用。绘制过程中，底图尽可能地使用纯度明度不高的同类色，而需要强调和突出的出入口等节点和路径则使用纯度明度较高的颜色，与此同时，底图不易复杂，使用线条简单地勾勒出框架或者填充单色块面进行表现，会更好地反衬出重点。

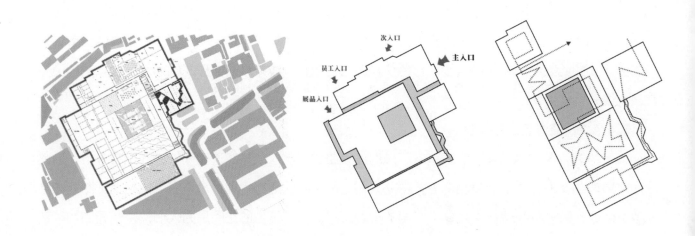

图 3-44　展览馆室内设计平面布局图和交通流线分析图
交通流线重点在于出入口和人流路径的呈现，同时注意区分不同类型人群的不同路径，避免相互交叠和冲突。

图 3-45 是某餐饮空间设计中的流线分析图，空间为两层，图纸分别以每层平面布局图为基础绘制。图 A 中设计师使用了不同的线宽和色彩进行表现，分别表述出空间中的顾客路径（一层为红色和墨绿色，二层为橙色）、工作人员路径（一层为红色和墨绿色，二层为绿色）。虽然设计者做了人群的区分，但是我们可以看到其划分显得笼统而不够明确，特别是一层没有明确的区分出顾客路径和工作人员路径。同时，每层空间的出入口也没有标示出，而且箭头符号使用过多使图面效果琐碎。相对而言，图 B 就会更清晰一些，作者划分了四种路径分别为顾客主要流线、顾客次要流线、服务员流线和其他工作人员流线，每种路径用不同的颜色和线宽标示，而且两层楼表述一样。与此同时，作者减弱了平面图的明度而突出流线，并且在主要的出入口用三角形表示出位置和方向。对于读者而言，可能图 B 会显得繁琐一些，但把问题清楚明确地说明到位是最重要的。

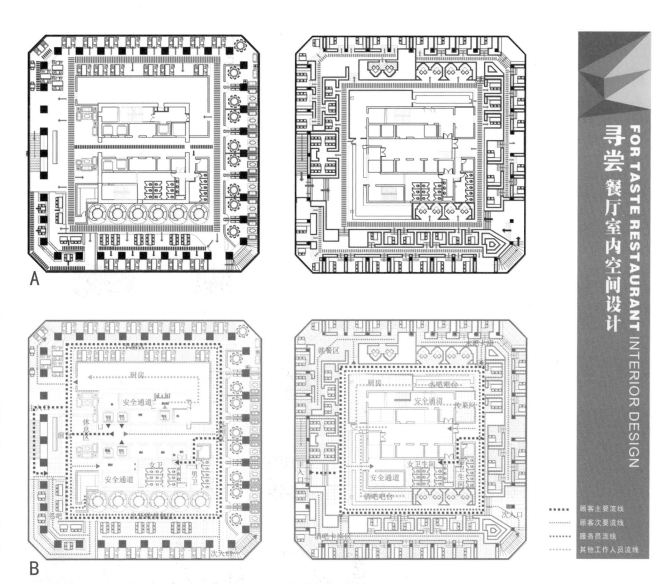

图 3-45　寻尝餐厅室内空间设计的流线分析图

作者依据两层楼的平面布局图绘制该流线分析图，在具体表述上，图 A 与图 B 有较为明显的差异，后者更加具体翔实。

建 筑 室 内 设 计 分 析 图 表 达

3.4.4.3 视点视域分析图

在设计中，如果绘制完空间的功能分析图和流线分析图，接下来就需要制作视点视域分析图。在景观规划设计中设计师经常会在空间中设定一些景观节点，让受众在此驻足、观赏和游玩，因此需要对这些节点进行视线视域的分析：空间路径中需要设定几个节点区域，区域中哪些点位、朝向需要重点设计以突出视觉中心，区域中哪些位置的视野开阔、天际线优美等。在室内设计中也同样需要此类功能，用以凸显环境中的视觉重心，比如住宅中客厅的电视背景墙、门厅的玄关，餐饮空间中的接待台背景墙、门厅照壁、中庭或过厅等，这些区域都属于该空间中的重点位置也是视觉中心，因此在什么位置观赏它们也成为设计中的重要步骤。此类功能分析需要结合区域划分与交通流线，根据区域寻找视觉重点，根据流线把握视点节奏，在主要路径中先设定主要观测视点，再从每个视点中选择不同角度设计视域范围和层次。

绘图时，可以利用人们的行径路线、视线方向和视野范围，在图纸上用发散状的三角形或扇形表示。值得注意的是，绘制过程中要求设计者正确掌握人的视距、焦点和余光等视觉特征，了解人平视时的视野范围以及在行走过程中或静态站立中的观视习惯差异。此外，还应在图纸上进行视点视域的分级描绘，即划分出主要、次要视点和主要、次要视野。

图 3-46 是一栋别墅设计的视点视域分析图，该项目是艾未未策划的位于鄂尔多斯的别墅群项目中的一栋，由 Slade Architecture 建筑事务所设计。分析图用平面和立面示意图展示建筑中的几个重要位置的视野范围，对此进行分析用以说明空间中的隐私与开放关系。作者使用对比强烈的黑

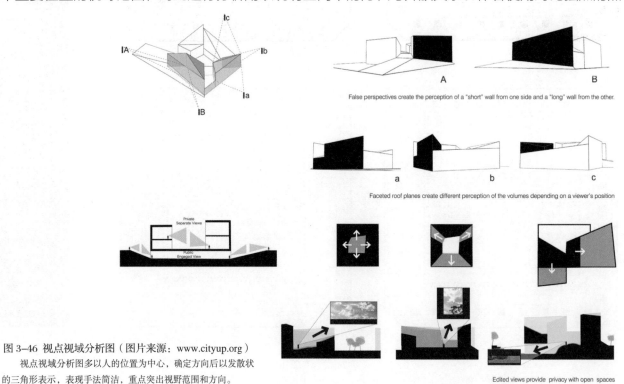

图 3-46 视点视域分析图（图片来源：www.cityup.org）
　　视点视域分析图多以人的位置为中心，确定方向后以发散状的三角形表示，表现手法简洁，重点突出视野范围和方向。

白色块表现建筑，局部加入灰色块面示意建筑的纵深距离，箭头和虚线分别表现视野的方向和范围。完全以平面的方式表现立体空间，简洁时尚，一目了然。

3.4.4.4 材料分析图

在完成视点视域分析后，接下来就要进行一些具体的单项细节分析了，其中之一是材料分析。材料学本身是一门内容丰富的单项学科，而且涉足多个领域，在设计类专业中，如纺织类学科中的服装设计专业需要掌握服装材料，机械类学科中的工业设计专业需要掌握工业材料，建筑类学科中的建筑学专业则要掌握建筑材料。对于建筑室内空间设计而言，主要应掌握建筑材料学方面的内容，此外可进一步了解工业材料和一些新兴材料。在设计中如何根据不同需求选择合适的材料，所选材料在使用过程中能够解决什么问题或者起到什么作用，这是材料设计最重要的环节，而材料分析就是用图示说明和展示上述内容。在具体解说和描述中，大致可以分为两个层面：一是常规性的描述材料本身在某设计中所用到的物理性能、化学性能和机械性能；二是分析由材料上述性能而产生的形态特征、肌理效果和色彩质感，以及它们对于设计的价值。两个层面中，前者更多是表述功能性的价值，后者则偏向视觉审美层面的表现，因此设计者在分析时应该涵盖两个方面，缺一不可。

绘制材料分析图，设计师可以透视效果图或轴测图为基础，在其中标注材料类型和性能特征，也可以导引出大样进行详细的图形解说。在分析过程中注意结合材料学与人体工学的知识，描述材料在使用过程中被利用到的不同性能。绘图时可以进行一些剖面或分解形式的处理，以微观视角展示材料在使用过程中所体现出的型性和材性。

图 3-47 是一栋小型建筑的材料与装配分析图，作者将主要建筑部件拆解并分别导引出材料照片与文字说明，解释其材料选择。此材料分析图形式是常见的表现方式，作者以简易透视图为中心，

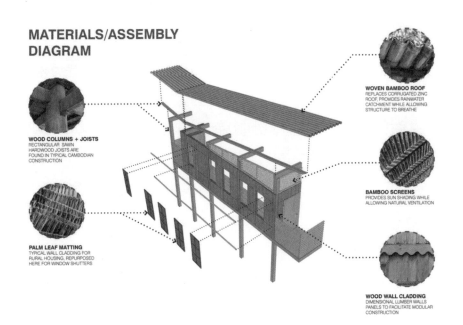

图 3-47 材料与装配分析图
（图片来源：archinect.com）
材料以照片呈现，并用辅助线标示其具体位置，使读者能准确定位。

使用虚线箭头形式的引出线，把材料用照片形式展示，配合文字进行分析，布局采用中心环绕式（也可看做左右辅助中心式），重点突出。使用照片说明材料，使形象感更强，解读更准确。

3.4.4.5　采光与照明分析图

单项细节分析中的另外一种功能是空间的采光与照明，区域划分中讲到的不同设计项目有不同的照度要求，就算同一项目内的不同空间也有不同的光照需求，因此灯光的设计处理就显得尤为重要。在室内设计中，有些空间需要借助自然采光——自然照明，甚至仅仅需要自然漫射光，如常规的美术馆、博物馆等空间。因为此类空间只在白天开放，空间中的窗地比、日光投射角度需要设计师精确地予以考虑。而另外一些空间可能只需要人工照明——人造灯光，如酒吧、夜场等，因为这类场所的营业时间一般都在夜晚，不同光源、照度、色温、入射角度，光源的位置、光色、照射区域可变等功能需求就值得设计者仔细推敲。此外，多数空间则既需要自然采光也需要人工照明，比如办公空间、餐饮空间、居住空间等，它们会满足人们不同时间段的使用需求。

无论是自然采光还是人工照明，都离不开"光"和"照"这两个概念。在空间中，根据需求合理设计光线和照明是设计师的职责。目前，国内缺少专业的照明设计师，很多设计项目中的照明设计都由空间设计师主控、灯具材料商配合完成，但空间设计师的强项是空间形态、功能，他们对照度、光谱等专业性参数则缺乏了解，对"光"的把控和对"照"的呈现存在设计上的硬性不足，因此设计出的很多项目在照明上出现缺陷和疏漏。作为设计师，应该尽可能地去学习和补充照明设计领域的知识。由于照明设计不是本书的重点，在此不做过多描述。随着设计的发展，建筑室内设计将朝着更加细化和精准的专业方向发展，相信不久的将来，照明设计师也会得到大众的认可，成为室内设计领域中一个独立的专业群体。

就具体绘制照明分析图而言，需要掌握几种表现形式：

（1）依托平面图，进行灯光定位和照射范围的表述。这类图纸一般常用代表范围的扇形或三角形结合代表方向的箭头表现，使用明度不同的渐变色表现光线的强弱，利用光影关系呈现高度差异。

（2）利用剖立面图，表述光线在竖向区域内的效果。此类型图纸也使用箭头、线条和渐变色表现，只是内容上由平面变为了空间立面，与平面照明分析图不同的是可以在图中表述光线传递的过程，如反射和折射的位置、夹角，以及由此得到的光线衰减程度。

（3）使用立体的轴测图和效果图，在其中直接呈现光线的明暗关系，此类图纸使光照区域的显示更直观和具象。

上述三类图纸无论是哪一类，在描绘中都可以运用渐变性的色彩表现光线的照射与衰减范围，同时用伪色图呈现光域和色温，特殊设计项目中使用的特殊光源与灯具可以在图中根据需要进行单列分析。

BIM 系统软件构筑的建筑室内模型完全模拟真实场景，借助该软件系统中的照明设置按钮，可以直接生成空间光照的伪色图，特别是效果图类型的照明图像。如图 3-48 所示，图（a）是两幅室内空间的光照分析，图（b）是室外建筑环境在一天中的不同时间段所呈现的光照对比，从图 3-48 中，能够清晰地看到光线差异所形成的色温变化，这种效果图式的表现形式是一种最接近真实的表现手段。除 BIM 外，3ds Max 软件也能模拟这样的效果，为设计师进行照明设计提供有力参考。

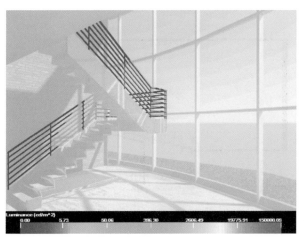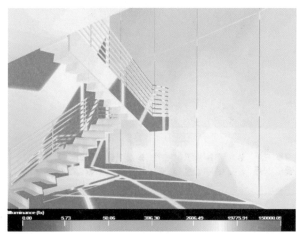

（a）室内光照分析

（b）室外光照对比

图 3-48　室内空间和室外场景的光照分析伪色图（Pseudo color map）
此类图像一般用于电影和摄影中的灰阶转全彩过程，在照明分析中色彩则表现色温和照度。

图 3-49 是两幅自然采光分析图，其中图（a）是以平面方式分析，图（b）是以剖立面方式说明，平面方式多用于建筑及景观规划中的投影分析，剖立面则用于室内空间的光照采集效果说明。无论哪种方式，在绘制时一定要注意使用表示方向性的线条或三角范围，同时，表示出夏季和冬季两种时段的光照领域。在室内中，还可根据需要描绘出折射和反射的方向与区域，以及光线衰减的变化。

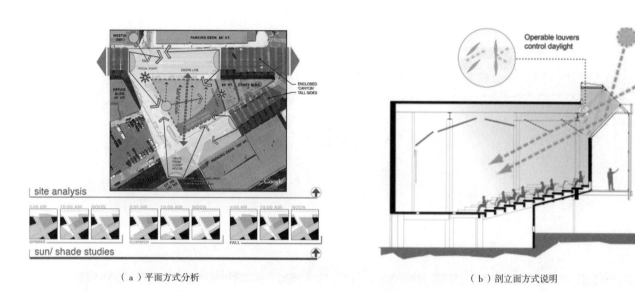

（a）平面方式分析　　　　　　　　　　　　　　　（b）剖立面方式说明

图 3-49　自然采光分析图

自然采光分析图是功能分析图中必不可少的环节，空间内部多以剖立面形式呈现。

3.4.4.6　通风分析图

单项细节分析中介绍的最后一种功能是自然通风。在室内空间中，空气流动是非常重要的一项功能。有条件的话，设计者应首先考虑使用门窗等自然通风构件；对于建筑中间位置无开窗条件的区域，也应使用空调系统保证空间的空气流通。建筑物的通风设计应多考虑空气的流通方向、速度，周围建筑物的高度，与项目的间距，对流等因素，同时还应该了解建筑不同面向的温度、湿度、气压等参数。有了这些数据，才能根据空间形态准确地判断空气流通的情况。

绘制此类功能的分析图，设计师需要以平面图或立面图为基础，用弧线与箭头表示空气的流动区域与方向，同时还应标示出光照热能传递路径、冷空气流动路径、气流转换与空间形态关系等相应数据。色彩上，可使用暖色表示热空气，冷色表示冷空气。一般而言，在空间内部应尽量设置循环流通的空气流通方式。

图 3-50 是两幅室内空间空气流通的分析图，在图（a）中，作者用蓝色和红色分别表示冷空气和热空气，用箭头和线条示意其流动与交换，标示出设计对两种空气的影响与转换作用。图（a）中以平行透视的效果图为底，为了强调空气的分析，底图使用了浅灰色。在图（b）中，作者用剖立面图的方式表达，空间使用无色的规范的图纸呈现，而对于需要强调的空气分析则采用彩色的手绘形式表现，反差强烈且一目了然。

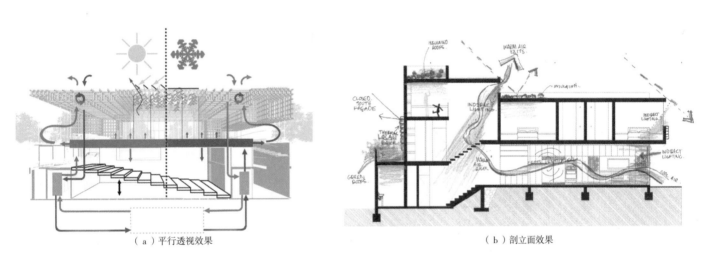

（a）平行透视效果　　　　　　　　　　　　　　（b）剖立面效果

图 3-50　室内空间空气流通分析图

运用与采光分析图相似的手法表现通风和空气流动，需要时，通风和光照可以在同一张分析图中标示，可显示出光照所形成的热量对空气的影响。

3.4.4.7　其他功能分析图

除上述的功能分析图外，还要一些不太常用的分析图类型，如消防系统分析图、空间结构荷载分析图等。这些图纸需要更加专业的工程技术人员绘制，设计师一般很难独立完成，或者仅能对图纸进行艺术性的视觉传达设计处理。此外还有一些综合性的功能分析图，如空间功能划分与交通流线分析结合，采光与通风结合等，这类图纸描绘手法大致与上述分析图相同，只是内容上进行了叠加而并无其他差异，在表达时仅需注意不要让不同的内容相互混淆就可以了。

第 4 章　建筑室内设计分析图案例解析

本章介绍国外优秀建筑室内设计分析图案例，并对其中的经典作品作简要说明。希望读者能从这些优秀的案例中获得设计制图的灵感，同时更深入地解读建筑室内设计分析图的精髓，用于自己的设计项目中，并借助更富逻辑性的分析创造出更加优秀的设计作品。

本章介绍的分析图作品大致可分为两类：一类以建筑设计为主，包括建筑形态、建筑构造、建筑表皮等方面的设计；另一类以室内设计为主，包括居住空间、商业空间、餐饮空间等类型。但有些作品涵盖了建筑设计和室内设计两个领域。

4.1　建筑空间设计分析图解析

本节主要介绍以建筑设计为主的设计分析图案例，其中不乏经典的设计理念和制图技巧。

图4-1、图4-2是位于美国纽约市切尔西地区的一个垂直线性景观公园设计。该设计在功能上主要从能源方面为该地区提供可持续的动力。方案结合该地区的气候、能源、生物量、运输、热能状况、轨道交通等因素进行设计，空间设置了热带雨林、溜冰场、城市露营区等场所，建筑表皮引入耐热玻璃幕墙，结构使用混凝土容器进行不规则堆叠，底层生物质库和水箱组成的形态和地面之间的结构发生转换，呈现出一个拱形，且回避了地面的轨道交通高架线路。

设计方案中，设计师绘制了大量的分析图进行可视化的解释，前期的概念分析中引入了气候、能源、生物量、运输、热能状况、轨道交通等内容的抽象符号，空间格局划分也进行了分层图解，并以透视图的方式解释空间中的具体功能。图像形式大量采用简易的透视图，所有图纸均用黑色块面结合白色线条的色调表现，以呈现出能源性主题的严肃性。图形旁边附上关键的数据说明和文字解释，使分析更具体更加理性。此外，所有分析图在形式感和色调，以及版式上的统一性使设计作品显得整体、均衡而富于逻辑性。

图 4-4 是位于法国马赛的培森尼尔住宅，设计师绘制简易线条加单色块组成的轴测分析图进行设计概念、形态和功能的解说。从整体设计中的区域场地分析到多孔性设计描述，再到竖向浮升推导，最后进行层次化处理。在此阶段的设计分析图中，除了用建筑简易轴测图呈现具体效果外，设计师还加入了抽象性的符号对每幅分析图的主题进行可视化说明，形象生动同时具有强烈的感染力。在单一地块中建筑细部设计分析中，同样使用同一视角的轴测图加上抽象符号，并对单体建筑进行细化分层和色彩填充，描述块状切割、住宅连通、过滤和同一性设计形式的处理手法，统一条理清晰同时具有较强的逻辑关系。最后，设计师还对建筑内部做了室内空间格局的设计分析，此处仍然用到轴测视角表现单元空间中的私人走廊、双层中空和室外景观等设计亮点，深入细致而让整个设计分析无可挑剔。

从此作品的分析图我们可以看出，图纸表现不需要追求复杂和丰富的表现力，简洁、明快、迅速地传达出设计理念，并用统一的形式和色调予以表现，就能完成一套完美的建筑室内设计分析图。

图 4-8 是位于西班牙帕尔玛的一栋老年公寓的设计竞赛作品，设计师运用类似胶片形式的带状物布置室内单元，并进行折叠形成围合空间，同时采用轴测图演示形态推敲过程。在具体室内单元的格局设计上，也运用轴测图展示空间划分，并以模数形式的单色体块表现其位置与体量关系。此外，还使用平面图精确的呈现单元空间的布局与尺度。

我们仔细分析不难发现，设计师在绘制这一系列分析图时，首先在形式上都运用了同一视点的轴测图，无论是建筑整体形态设计、内部空间设置、区域划分，还是单元室内格局、空间流线、建筑表皮。其次在色彩上都选用了明度偏高纯度偏低的灰色调，显得格调雅致，局部运用少量的对比色（草绿和粉红）进行表现，使空间功能性的表述内容得以被强调，同时也显现出现代时尚的气息。

Dotación energética y apilamiento de atmosferas lúdicas artificiales sobre el highline . nueva york

能源供应和在高架上对人工休闲氛围的堆叠

该项目旨在为切尔西提供可持续发展的活力源，通过引入来自发动机中充满活力的盈余大气的导出，把人工休闲氛围进行堆叠集合，使其成为垂直分层特质的线性公园。

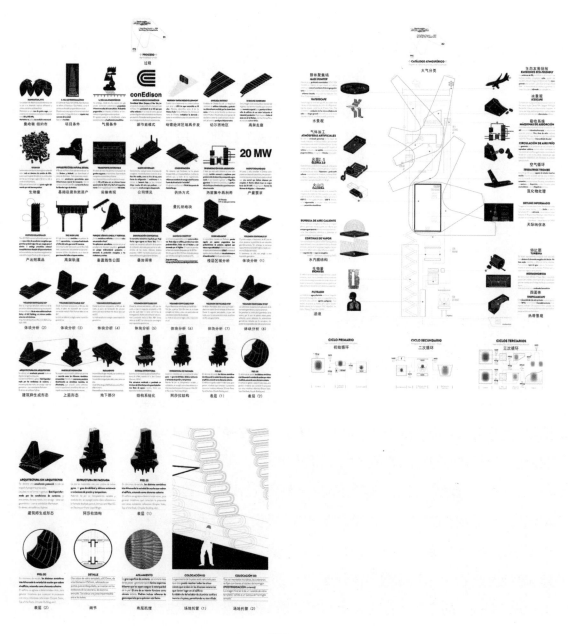

图 4-1

建 筑 室 内 设 计 分 析 图 表 达

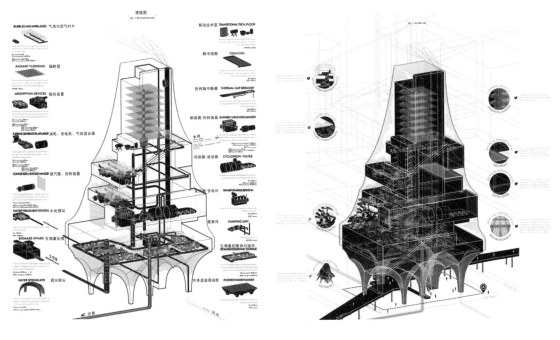

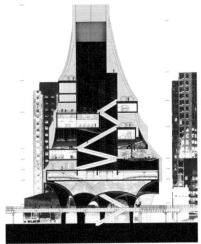

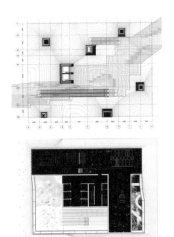

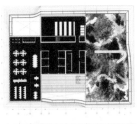

图 4-2

环境扩展竞争的MUMA博物馆

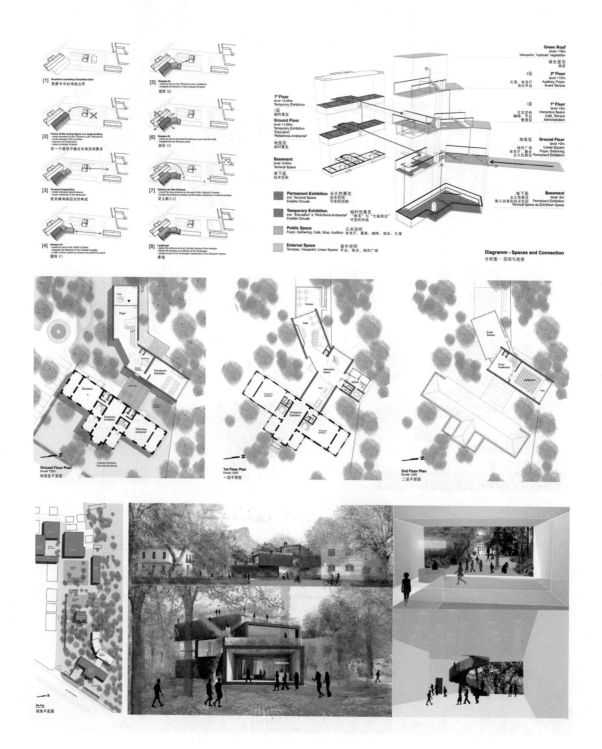

图 4-3

Logements Peyssonnel – Marseille

培森尼尔住宅 - 马赛

图片来源于ecdm.eu

Programme : ensemble immobilier de 374 logements
maître d'ouvrage : NACARAT Immobilier et C.A. Immobilier
architecte : ECDM architectes – chef de projet : Benjamin Ferrer
agences associées : Rémi MARCIANO Architectes et Mateo Arquitectura
BET : agence Franck Boutté Consultant
localisation : ilot 2B, rue Peyssonnel, Marseille (13)
superficie : 22 210 m² SHON + 433 m² commerces et services
coût : 32 M€ HT
Concours 2013

项目：374个集合地产住宅
项目人：NACARAT 与 C.A. 地产
建筑师：ECDM建筑事务所-项目主持人：本杰明·费雷尔
相关机构：雷米MARCIANO建筑事务所与马提欧建筑事务所
BET：弗兰克·宝特 代理顾问
地点：马赛，培森尼尔街，2B区
面积：22210m²+433m²商业与服务
比赛：2013

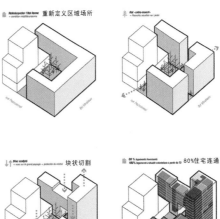

重新定义区域场所

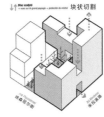

区域场地 ILOT FERME.

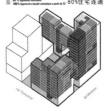

多孔性 POROSITEES.

块状切割

80%住宅连通

培森尼尔街   米拉波路

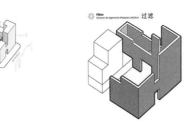

形体浮现 EMERGENCES.

层次化 GRADATIONS.

过滤 Filtres

同一性

培森尼尔街   米拉波路

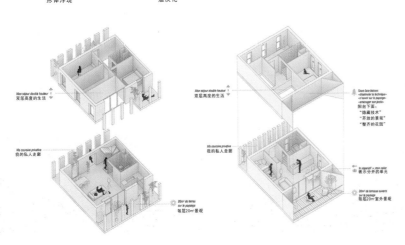

双层高度的生活

我的私人走廊

每层20m²景观

双层高度的生活

我的私人走廊

阳台下面：
"隐藏技术"
"开放的景观"
"整齐的花园"

表示分开的单元

每层20m²室外景观

图 4-4

|建|筑|室|内|设|计|分|析|图|表|达|

图片来源于www.spatialpractice.com

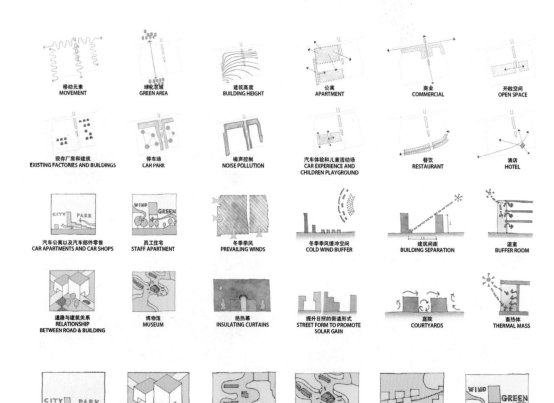

图 4-5（一）

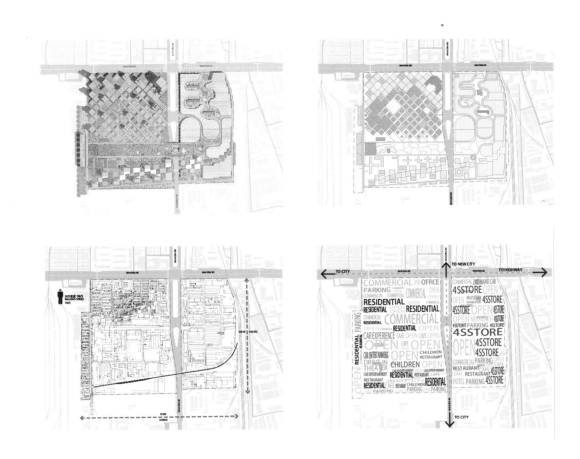

图 4-6（二）

RESTORATION OF "EL MOLINILLO" BUILDING

"EL MOLINILLO" 建筑的恢复

图片来源于pyoarquitectos.com

year: 2009
location: alcañiz, spain
type: competition
size: 1110 m2
client: diputación de teruel
team: ophélie herranz lespagnol, paul galindo pastre
collaborators: gabriel lópez pérez
status: settled
award: 2009 [honourable mention] ideas competition
for "el molinillo" building restoration

年份：2009
地点：西班牙，阿尔卡内兹
类型：竞赛
面积：1110㎡
客户：特鲁尔
团队：欧菲丽·赫然兹·里斯派格诺，保罗·格林多·帕斯特
合作者：格贝尔·罗普斯·佩尔斯
状态：已建成
奖项：2009（荣誉奖）创意竞赛

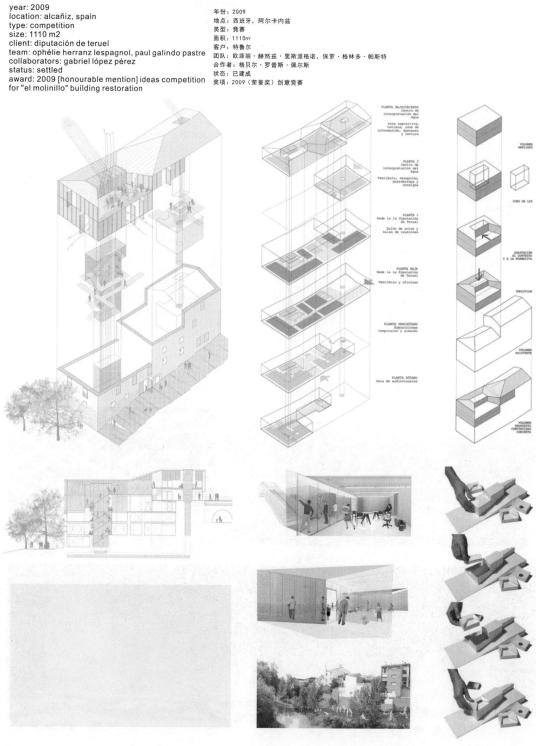

图 4-7

建筑室内设计分析图表达

DAY CENTER AND HOUSING FOR ELDERLY PEOPLE

老年公寓

year: 2009
location: palma de mallorca, spain
type: competition
size: 5000 m2
client: ibavi (institut balear de l'habitatge)
team: ophélie herranz lespagnol, paul galindo pastre
status: settled

年份：2009
地点：西班牙，帕尔玛
类型：竞赛
面积：5000㎡
客户：ibavi
团队：欧菲丽·赫然兹·里斯派格诺，保罗·格林多·帕斯特
状态：已建成

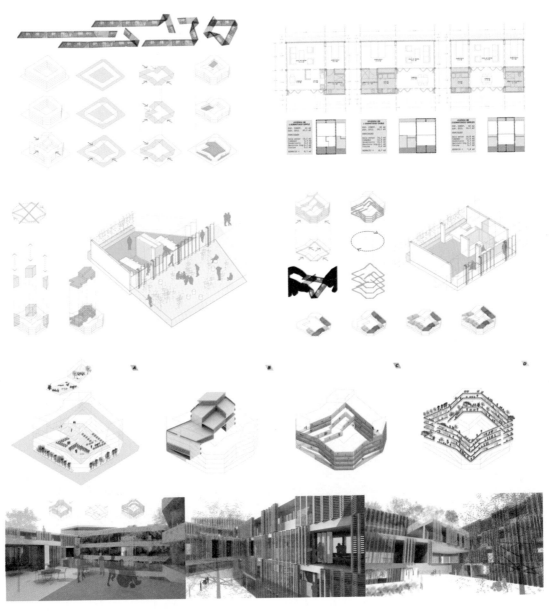

图 4-8

建 筑 室 内 设 计 分 析 图 表 达

图 4-9 是西班牙马德里的残疾人体育中心的设计竞赛作品，设计师在建筑表皮和建筑结构上使用了蝴蝶结和折纸的概念提取出具体形态，与此同时，由于该建筑为体育活动中心，因此设计师还使用了蝶泳的姿态分解图来分析空间构造。通过一步步的推敲，最终创造出新颖独特的建筑表皮和内部空间。

设计师绘制此作品的分析图时，除了运用折纸和打领结的步骤图外，大量使用了双手折叠摆弄模型的照片，这种手法简洁快速，而且能真实直接的呈现效果，方便实用。在照片旁边附上同一视角的轴测效果图，让整幅分析图统一且对比便捷。色调上，调性柔和，使用了灰色和黄色两种颜色，需要区别的位置用黄色的相邻色（草绿和橙黄）进行标示，做到整体统一。

图 4-14 是德国慕尼黑西门子总部的设计方案，设计师以平面图形式展示建筑物在地块中的形态转换过程，以及与空间的图底关系。并在此基础上进行城市插曲、转换方式和流线的分析。此外，还以城市规划的视角对内城与博物馆区之间的穿行与连接路径做了图示分析。接着，用建筑剖立面图解析建筑内部的太阳能、雨水采集，光照分析等功能。

分析图没有使用视觉冲击力强的轴测图和透视图，而采用朴实的平面图和剖立面图进行表现。单纯的色块加上形式不同的辅助线与箭头，配上简要的文字，也能准确地说明设计概念与功能。其表现核心在于线条的线型与色彩差异明显，让读者轻易地识别出不同的功能解释；其次，底图用白色和浅灰色，明确地映衬出彩色线条。

图 4-15 的分析图主要特点在两个方面，一是建筑表皮设计的分析表述，二是建筑功能的分析描述。对于前者设计师使用了展开的立面图表现，用不同的灰色呈现其块面的明度差异。而对于后者则使用了平面图和剖立面图予以说明，在剖立面图中结合不同颜色的辅助线、符号和文字描述建筑的节水、沼气、制冷、制热、水调配和水循环功能，在平面图中使用箭头和太阳的符号表述建筑表皮的遮阳效果与采光情况。值得一提的是设计师在用展开立面推敲出表皮形态与明度后，还与建筑结合，用模拟真实状态的彩色立面图表现建筑表皮与主体之间关系的最终效果，真实而直观。

图 4-16 是位于美国纽约的库伯联盟科学与艺术馆设计作品，设计师运用透视轴测图展示建筑中庭几何体的形态推演，从最大面积到内容剪切，再到桥剪切、天光剪切和楼梯剪切，最后得到最终形态，同时使用水平网络和对角线网络推敲出最终中庭网络，而后再用圆环面剪切、中庭投影剪切和拼板方式描述建筑西立面几何体的形态设计。这种使用线条表现形体的透视关系是形态分析图常用的手法，设计师使用不同概念对空间造型进行处理，不断叠加形成最终结果。我们从此案例中可以看到，图形虽然都是用线条勾勒，但线宽略有差别，作者在绘制时刻意用不同线宽表现形体的叠加过程和主次关系。

SPORT CENTER FOR THE DISABLED

残疾人体育中心

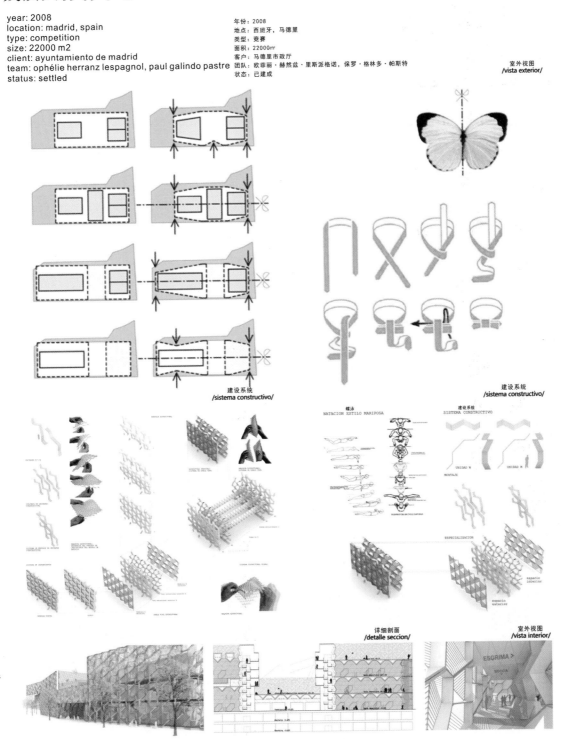

year: 2008
location: madrid, spain
type: competition
size: 22000 m2
client: ayuntamiento de madrid
team: ophélie herranz lespagnol, paul galindo pastre
status: settled

年份：2008
地点：西班牙，马德里
类型：竞赛
面积：22000㎡
客户：马德里市政厅
团队：欧菲丽·赫然兹·里斯派格诺，保罗·格林多·帕斯特
状态：已建成

室外视图
/vista exterior/

建设系统
/sistema constructivo/

建设系统
/sistema constructivo/

详细剖面
/detalle seccion/

室外视图
/vista interior/

图 4-9

建筑室内设计分析图表达

图片来源于pyoarquitectos.com

/urban games set/
城市游戏设置

/social participation for the new city pattern construction/
为新城市格局结构所做的社会参与

城市规划+住宅/酒店/办公混合

URBAN PROCEDURES
urban planning + residential / hospitality / office hybrid

year: 2004-06
location: la sagrera, barcelona, spain
type: bachelor's degree project
size: surface area 181955 m2; built areas : housing 158477 m2 / hospitality 48497m2 /
tertiary 64436m2
team: ophélie herranz lespagnol, paul galindo pastre
status: settled
awards: 2007 [honourable mention] ecobarrios 2006. organized by CSCAE (superior
council of spain architects´ orders). spain + portugal competition
2007 [finalist] pasajes-iguzzini 2005-2007 award. national competition (spain)
2004 [1st prize ex aequo] 400.000 dwellings. organized by quaderns in collaboration
with COAC (catalunya architects´ order). international competition

年份：2004-2006
地点：西班牙，巴塞罗那
类别：学士学位项目
面积：181955m²
状态：已建成

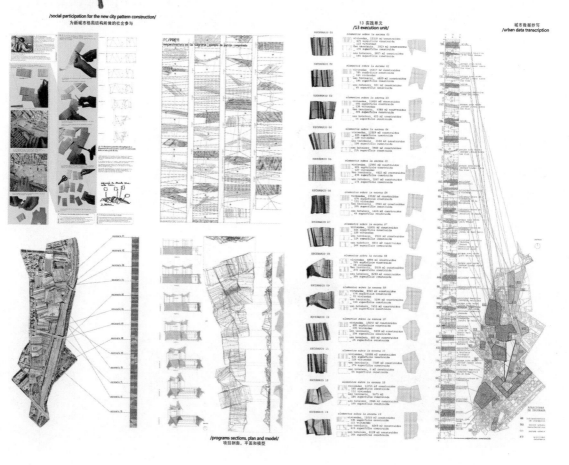

/programs sections, plan and model/
项目剖面，平面和模型

13 实践单元/
/13 execution unit/

城市数据抄写
/urban data transcription

图4-10（一）

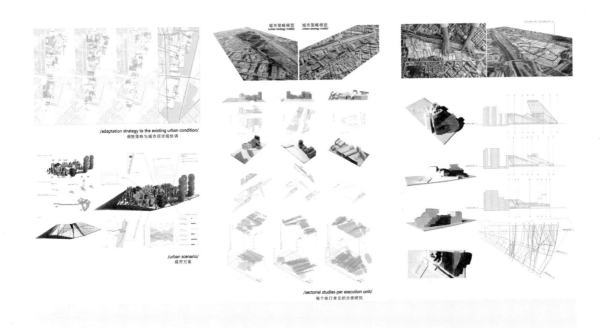

/adaptation strategy to the existing urban condition/
调整策略与城市现状相协调

/urban scenario/
城市方案

城市策略模型
/urban strategy model/

城市策略模型
/urban strategy model/

/sectorial studies per execution unit/
每个执行单元的分类研究

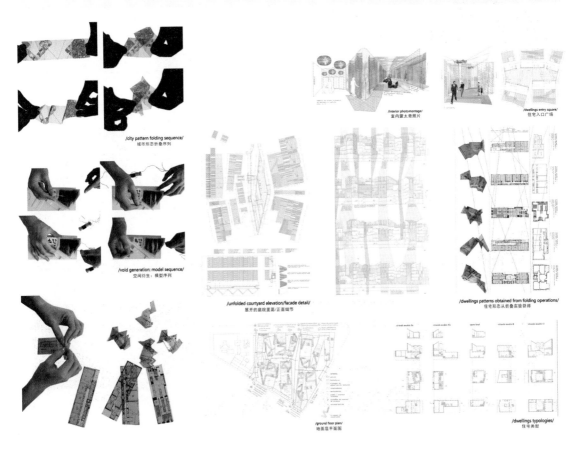

/city pattern folding sequence/
城市形态折叠序列

/void generation: model sequence/
空间衍生：模型序列

/unfolded courtyard elevation/facade detail/
展开的庭院里面/正面细节

/ground floor plan/
地面层平面图

/interior photomontage/
室内蒙太奇照片

/dwellings entry square/
住宅入口广场

/dwellings patterns obtained from folding operations/
住宅形态从折叠实验获得

/dwellings typologies/
住宅类型

图 4-11（二）

建筑室内设计分析图表达

Architects: Magma Architecture
Location: London, England
Lead Consultant: Mott MacDonald
Client: Olympic Delivery Authority
Total Footprint: 14,305 sqm
Total SeatingCapacity: 2,900

建筑师：Magma 建筑事务所
地点：英国，伦敦
首席顾问：Mott Macdonald
客户：奥林匹克投递总局
总面积：14305平米
总座位数：2900

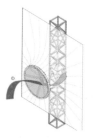

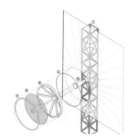

Spectators Enclosure
观众席围墙

Field Of Play Enclosure
比赛区域围墙

Outer Non-permeable
Membrane
外部非透性膜结构

Roofing
屋顶

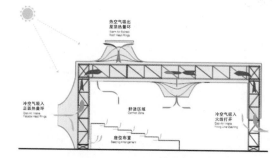

Structure
结构

Structure
结构

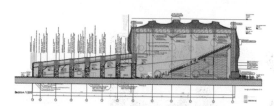

Inner Permeable
Membrane
内部非透性膜结构

Perimeter Wall
周界墙体

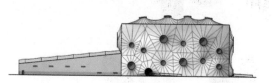

Seating Arrangement
座位布置

Field Of Play
比赛场地

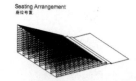

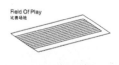

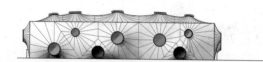

图 4-12

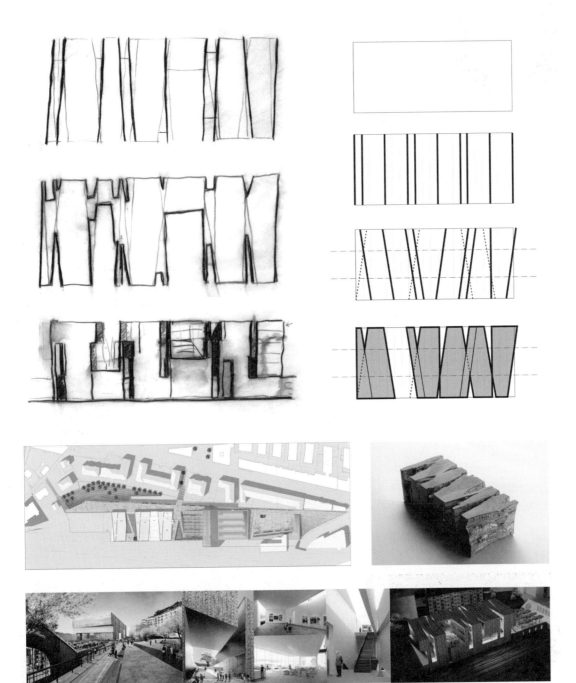

图 4-13

Siemens Headquarters

西门子总部

图片来源于www.archdaily.com

Architect: Henning Larsen Architects
Location: Munich, Germany
Landscape architects: VOGT
Engineer: Werner Sobek Frankfurt, Innius and HPP Berlin
Consultant (corporate identity): Johan Galster, 2+1
Gross floor area: 41,000 sqm
Construction period: 2012-2015

建筑师：海宁·雷尔森建筑师事务所
地点：德国，慕尼黑
景观建筑师：VOGT
工程师：维诺·苏贝克·弗兰克福特，柏林 Innius and HPP公司
顾问（合作身份）：约翰·吉斯特，2+1
总体面积：41000平米
建造时间：2012-2015

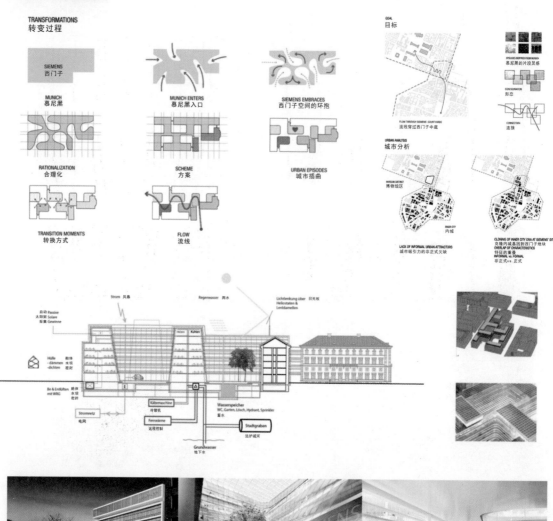

图 4-14

建筑室内设计分析图表达

Pixel

像素

Architect: studio505
Location: Melbourne, Australia
Photographs: Ben Hosking, John Gollings, studio505

建筑师：505工作室
地点：澳大利亚，墨尔本
图片：本·郝思金，约翰·古林斯，505工作室

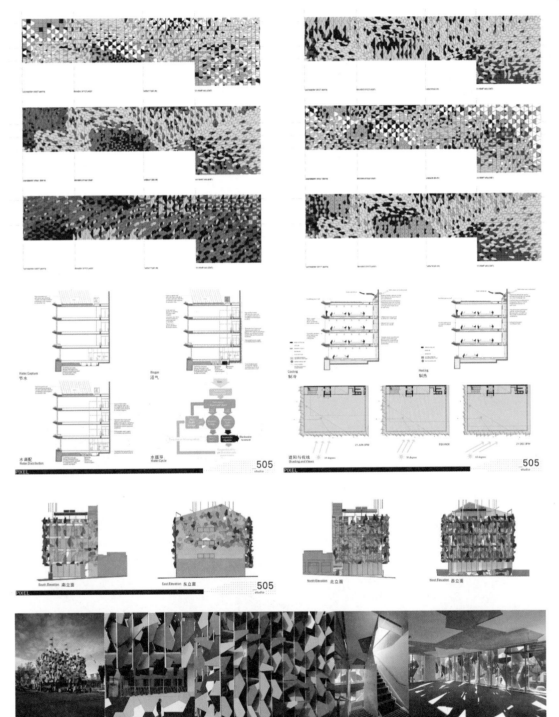

图 4-15

|建|筑|室|内|设|计|分|析|图|表|达|

The Cooper Union for the Advancement of Science and Art

库伯联盟科学与艺术馆

Location: New York, USA
Architecture: Morphosis Architects Thom Mayne, Principal / Design Director Silvia Kuhle,
Project Manager Pavel Getov, Project ArchitectJean Oei, Job Captain/ Project Designer
Chandler Ahrens / Lead Designer
Project Designers: Natalia Traverso Caruana, Go-Woon Seo
Associated Architect: Gruzen Samton
Owner's Representative: Jonathan Rose Companies
General Contractor: FJ Sciame
Client: The Cooper Union for the Advancement of Science and Art
Program: Academic and laboratory building with exhibition gallery, auditorium,
lounge and multi-purpose space, and retail space
Constructed Area: 16,258 sqm
Design Year: 2004-2006
Construction Year: 2006-2009

地点：美国，纽约
建筑设计：墨菲斯建筑事务所 托马·梅恩，首席设计主任 西尔维娅·库勒
项目经理 偏文·吉托夫，项目建筑师 阿·欧悉，工作主任/项目设计师 钱德勒·安然/主设计师
项目设计师：娜塔莉亚·偏文索·卡罗纳，相古文
联合建筑师：格鲁森·萨顿
甲方代表：约翰逊·罗斯 公司
客户：库伯联盟科学与艺术馆
设计内容：具有展览馆的学术与实验室建筑，礼堂，大堂与多功能厅，零售区域
建筑面积：16258平米
设计年份：2004-2006
建造年份：2006-2009

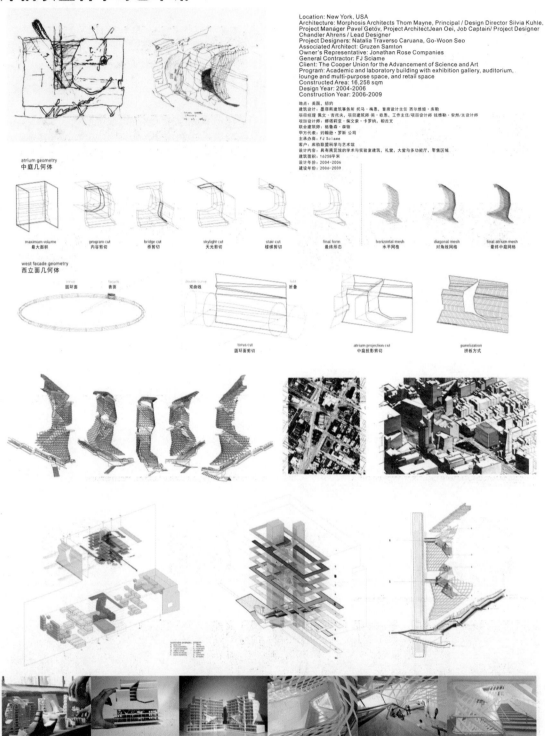

图 4-16

建 筑 室 内 设 计 分 析 图 表 达

The Nelson-Atkins Museum of Art

纳尔逊阿特金斯艺术博物馆

Architects: Steven Holl Architects
Location: Kansas City, MO, USA
Architects: Steven Holl,
Local Architect: BNIM Architects
Project Year: 1999-2007
Structural Engineer: Guy Nordenson and Associates
Mechanical Engineer: Ove Arup & Partners / W.L. Cassell & Associates
Glass Consultant: R.A. Heintges & Associates
Lighting Consultant: Renfro Design Group
Constructed Area: 15,329 sqm

建筑设计：斯蒂文·霍尔 建筑事务所
地点：美国，堪萨斯城
建筑师：斯蒂文·霍尔
当地建筑单位：BNIM建筑事务所
项目年份：1999-2007
结构工程师：诺德森伙伴公司
机械工程师：欧福·爱瑞普&合伙人/W.L. 卡瑟尔&伙伴
玻璃顾问：R.A.黑志&伙伴
照明顾问：雷夫罗设计团队
建造面积：15329平米

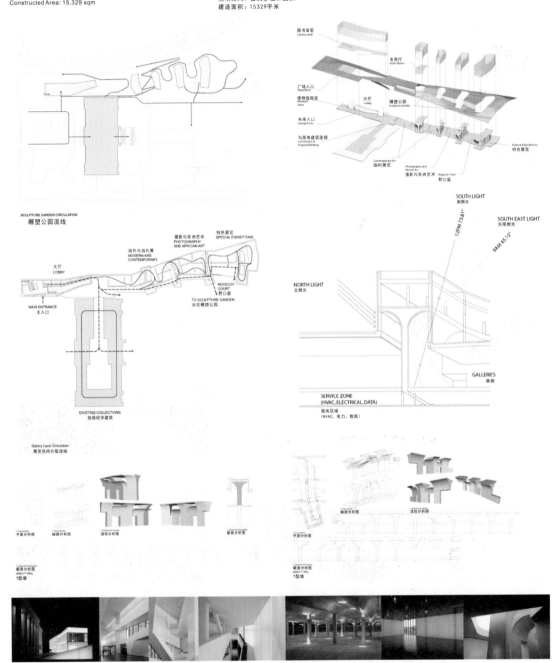

图 4-17

KLASKSVIK CITY CENTRE COMPETITION

克拉克斯维克城市中心设计竞赛

FAROE ISLANDS
Shortlisted entry.
Project team: Luis Callejas, Mason White, Lola Sheppard, Ali Fard, Matthew Spremulli, Sophia Panova, Sirous Ghanbarzadeh

法罗群岛
入围决赛
项目团队：Luis Callejas, Mason White, Lola Sheppard, Ali Fard, Matthew Spremulli, Sophia Panova, Sirous Ghanbarzadeh

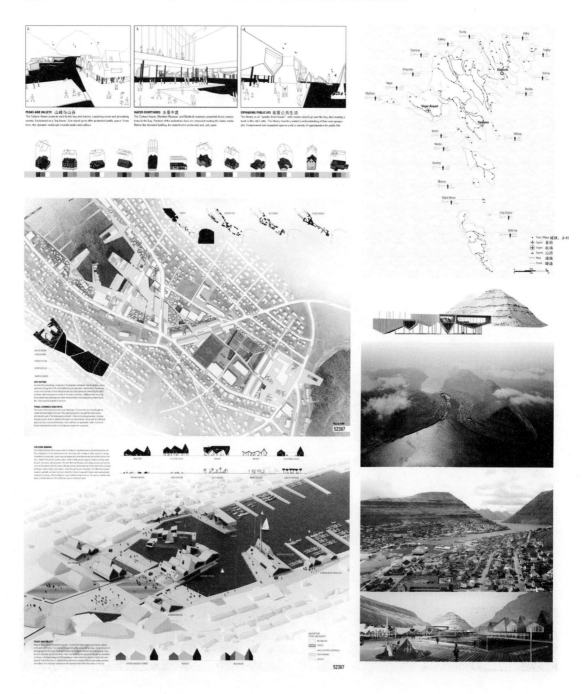

图 4-18

|建|筑|室|内|设|计|分|析|图|表|达|

在后续的功能分析图中，作者则使用了彩色的轴测图和平面图表现建筑的区域划分和交通空间，不同颜色让空间中的不同功能区域一目了然。

图 4-19 是一栋住宅设计方案，Icod 是 12 住宅的混合体，在公寓和带有花园的独立式住宅之间。它位于大西洋上一个多山的岛屿——特内里费岛，这里每平方公里居住着约 500 居民，但低密度造成的过饱和与覆盖可持续性形成了非常高的土地占用率。设计师使用高效细胞的设计概念创造了一个新范例，他们寻找最高密度的可能，致密的使用庭院，创建阴影和保护公共空间，另外，屋顶以自然的方式提供休闲与社会活动，建筑内部有 3 个小尺寸的房间，尺度不大但具有巨大的空间感。

该项目设计新颖，功能性强，其设计分析图更是内容丰富同时别具一格。设计师以实体模型照片作为基础，添加各种辅助线、符号与文字进行表现。不同颜色的粗线条表现道路，不同大小的文字说明空间，再加上表现太阳的符号和温度计符号解说建筑不同位置的光照与温度，这一系列的图示让分析显得调理清晰、内容完整。此外，比较有意思的是，作者依据模型的透视关系添加同样具有透视效果的文字，让其具有空间感，在功能上区分不同界面的说明内容。

图 4-20 是位于斯洛文尼亚的卢布尔雅那一个 64100m^2 的住房项目，此项目被称为"莲花塔"。建筑区位的特点无疑是旁边的新城市公园，公园极大地创建了一个温和的气候并增加了居民的生活质量。因此，建筑中的所有公寓都能享有公园的美景。公寓的双面取向设计为居住者提供了一种有效的可持续方案——自然通风。建筑下面的公共区域也被设计成可与公园自然连接。外墙倾斜创建凸出的屋顶，切口系统被设计成能使自然光深度穿透整个公共空间的形态。此外，建筑的一楼变成了一种开盖广场的入口，形成多样化的公共空间。

设计师使用简易的透视图分析方案的概念——"莲花塔"——由莲花形态演变，用轴测图进行空间层级分析，用立面图分析光照、通风、视野、雨水遮挡等具体功能，以及运用透视图和平面图分析住宅内部格局。除此以外，设计师还使用概括性的词语和数字结合图框与符号抽象的分析地块平面格局和建筑竖向空间划分。与前面的部分案例近似，在色调的控制上，设计师选用了绿色与灰色两种颜色进行明度变化，这使得画面显得统一而均衡。

图 4-24 是东京新宿的一栋住宅建筑设计方案，东京是全球所有城市中人口最多的城市，因此建筑设计需要考虑在靠近商业中心区的高密度住宅体现竖向规划的潜力。设计师创造的垂直连续元素产生了强烈的阴影，并阻碍了高层建筑中过量的通风。与此同时，建筑表皮的形态与建筑竖向尺度保证了采光、通风与视野。这种设计策略使得在一个特定的和唯一的项目中的每个竖直元件与环境形式本质上相关联。

12 Houses in Icod

Icod的12个房子

Architects: daolab
Location: Icod de los Vinos, Tenerife, Spain
Architect In Charge: David Arias Aldonza, Cristina del Buey Garcia
Area: 1,900 sqm
Year: 2012

建筑师：dao实验室
地点：西班牙，加纳利，艾考得 唯诺思
建筑负责人：大卫·艾瑞斯·艾东撒，克里斯蒂娜·德尔·布瑞·盖尔西亚
面积：1900平米
年份：2012

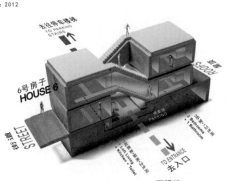

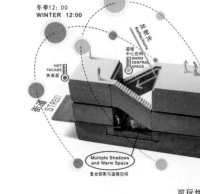

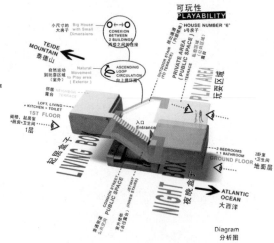

Diagram
分析图

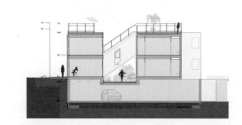

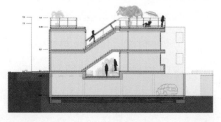

Section
剖面图

图 4-19

建 | 筑 | 室 | 内 | 设 | 计 | 分 | 析 | 图 | 表 | 达

莲花塔

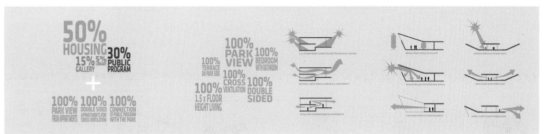

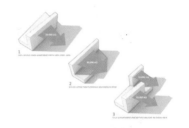
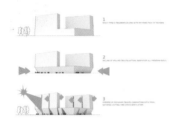

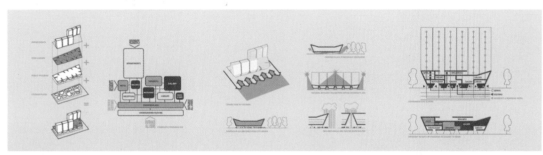

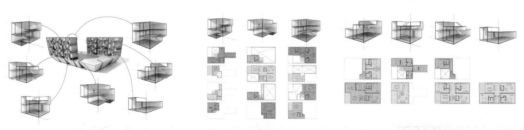

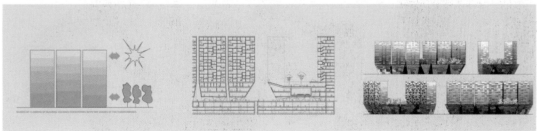

图 4-20

Costanera Lyon

科斯塔内拉大厦，里昂

图片来源于www.archdaily.com

Architects: Eugenio Simonetti + Renato Stewart
建筑师：欧亨尼奥·西蒙内蒂+雷纳托·斯图尔特
Location: Santiago, Chile
位置：圣地亚哥，智利
Client: Inmobiliaria Almahue S.A.
客户：Inmobiliaria Almahue S.A.
Year: Costanera Lyon 1, 2009-2011 (Completed), Costanera Lyon 2, 2011-2013 (Under construction)
年份：斯塔内拉里昂1，2009-2011（已完成），斯塔内拉里昂2，2011-2013年（在建）
Area: 42,000 sqm
面积：42000平方米

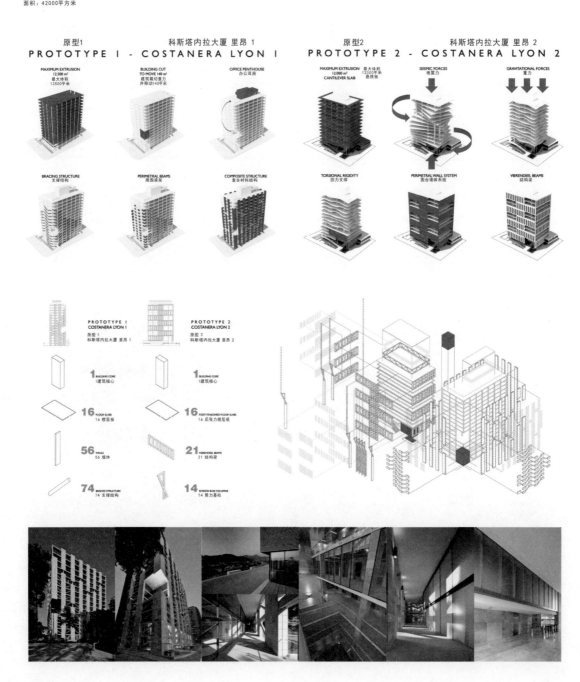

图 4-21

建 筑 室 内 设 计 分 析 图 表 达

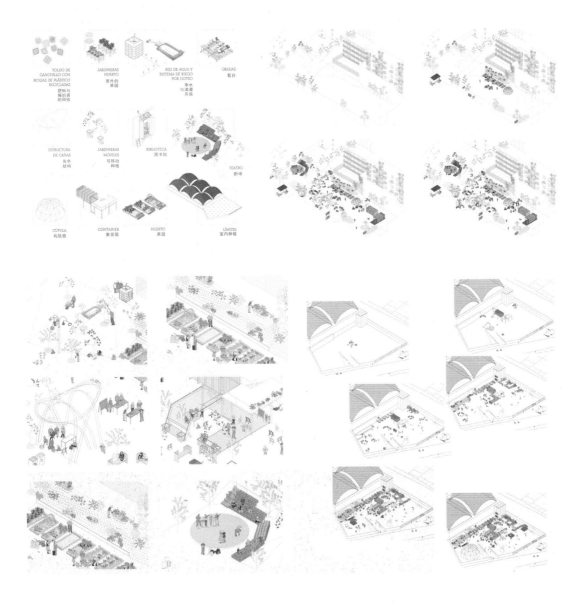

图 4-22

图片来源于activistark.blogspot.com.es

自然形态分析

图片来源于hybios.blogspot.hk

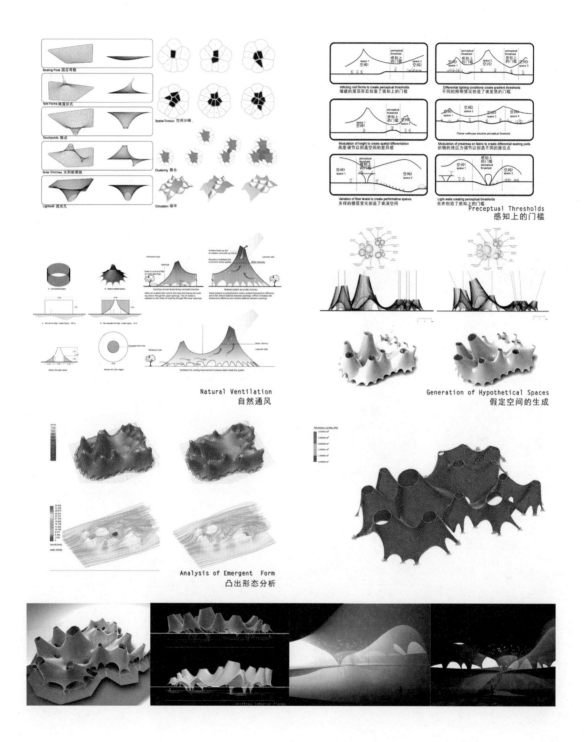

Natural Ventilation
自然通风

Generation of Hypothetical Spaces
假定空间的生成

Preceptual Thresholds
感知上的门槛

Analysis of Emergent Form
凸出形态分析

图 4—23

Shinjuku Housing TOKYO

东京新宿住宅

图片来源于www.gonzalodelval.com

2º accesit Cátedras Céramica Madrid ASCER 2008
Exposición de la Red de Cátedras Cerámica ASCER
Publicacíon en UHF 05 E.R.R.A
Publicación Catálogo Link Tokyo-Madrid
Autor: Gonzalo del Val

2008 马德里 ASCER 竞赛 2° accesit Catedras Ceramica
Catedras Ceramica 网络展览
UHF 05 E.R.R.A 出版
出版目录链接 东京-马德里
设计师：Gonzalo del Val

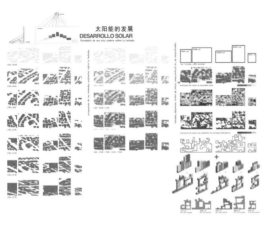

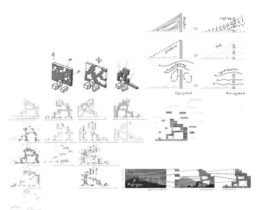

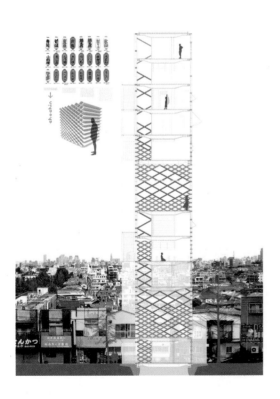

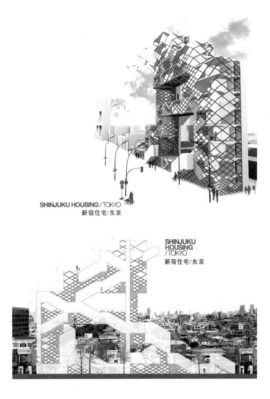

图 4-24

建 筑 室 内 设 计 分 析 图 表 达

设计师在设计过程中重点分析了不同尺度建筑与不同时间段的太阳能利用情况，并以建筑表面热能分析所得到的形态作为建筑体量的依据，建筑表皮则使用了菱形结构进行表现。设计师在分析图的色彩表现上与太阳能相关联，选用红色与橙色为主的暖色系，这使得图纸的表达与设计主题相吻合。

图4-25是COSA应急办公室设计方案，该设计旨在解决商住两用建筑中住宅与办公空间转化性问题。从物业管理到社区中心的发展，确保各住宅项目的经济优化和办公需求。设计师在建筑设计中探索建造住宅的过程中让每个买家购入一个潜在的结构，管理它们的发展和演变，使其可居住亦可办公，并最终成为一个战略性社区空间。

该设计的分析图用黑色和灰色表现，理性而素雅；在建筑结构形态的推敲中，作者使用带透视关系的单色轴测图表达，向读者呈现出推理过程中思考过的各种可能性方案，并以反相色展现最终方案；在建筑空间结构的分析中和内部空间格局的设计上，作者运用平面和立面图进行表现，并罗列出数据说明；在建筑材料的使用上，作者使用剖立面图为基础，并抓住不同材料的形式特点予以表达。此外，作者还运用文字、线框和符号进行设计概念的分析。每一个层面的分析，设计师都罗列出思考过程与不同案例，这样既便于设计者对比优选，又能让读者比较差异，深入解读设计过程。

图4-26是5家水泥厂的改造设计方案，设计者在建筑形态设计上运用了正负形和机械记忆两种概念叠加予以分析。设计者绘制的分析图最大的特点是利用了水彩晕染的形式效果，表现水泥或者天然岩石断面，为图纸增添了几分艺术韵味。

图4-27是D3明日住宅2012"庇护所学生建筑设计竞赛2010"的获奖作品，一间小屋代表着自然和家庭、开放环境与私人区域之间的细划分。这所现代化的小屋是在一个原始体积内部由两个空间组成的，第一个空间包含几个环境景点的观赏平台，第二个是内部与外部连接的中介空间，居住者能在此偷偷地欣赏户外景观。设计者在内部空间的处理上借用了树的形态，并以观赏作为设计主题，充分考虑居住者的感官体验。

分析图的绘制也极具表现力，黑白立面呈现小屋内部立面形态，透明效果的轴测图表现空间内部功能与空间观赏方向，两者叠加形成小屋的内部格局与形态，透视效果图与空间拆分的轴测图联系，表现不同房间的具体格局与空间尺度。

图4-28是德国柏林新站的建筑及花园设计方案，此方案分析图的亮点在于形式感强、色调统一、内容繁多但调理清晰。无论是景观规划还是建筑功能的分析都体现出强烈的逻辑理性和愉悦的视觉效果。我们仔细观察，原因显而易见，色彩统一是一个方面，形态上的优化处理与视点选择是另一个方面，另外结构与材料模拟真实形态也很重要。

COSA Contingency Office for Strategic Architecture

COSA 应急办公室设计

图片来源于www.gonzalodelval.com

Finalistas Premio Solvia a la innovación en el diseño de la vivienda. 20
Autores: Toni Gelabert, Blanca Juanes, Alejandro Londoño, Gonzalo d
Colaborador: Eduardo Rega
Fotografía: David Diez DDZ

Solvia 创新设计入围奖作品
设计师：Toni Gelabert, Blanca Juanes, Alejandro Londono, G
合作伙伴：Eduardo Rega
摄影：David Diez DDZ

结构叠加的类型
STACKING STRUCTURAL TYPOLOGIES

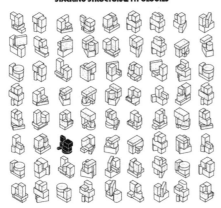

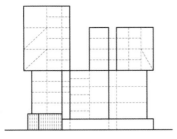

POTENTIAL STRUCTURE 潜在结构

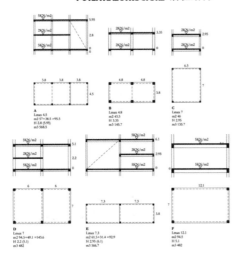

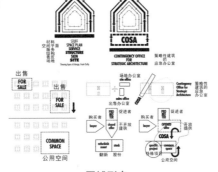

区域列表
WET AREAS CATALOG

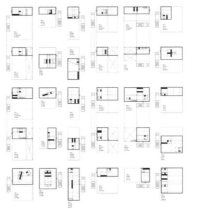

立面材料列表
FAÇADE´S MATERIALS CATALOG

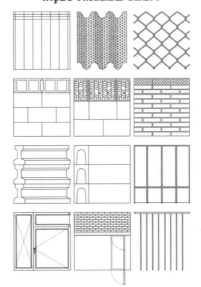

图 4-25

建 筑 室 内 设 计 分 析 图 表 达

5家水泥厂的更新建设

图片来源于www.gonzalodelval.com

Rehabilitación del Antiguo Almacén 5 de la fábrica de Cemento de LAFARGE en Villaluenga de la Sagra (Toledo)
Autores: Diego Delas/Kidchalao, Gonzalo del Val

在 Villaluenga Sagra（托莱多）的5家 LAFARGE 水泥厂的更新建设
设计师：Diego Delas/Kidchalao, Gonzalo del Val

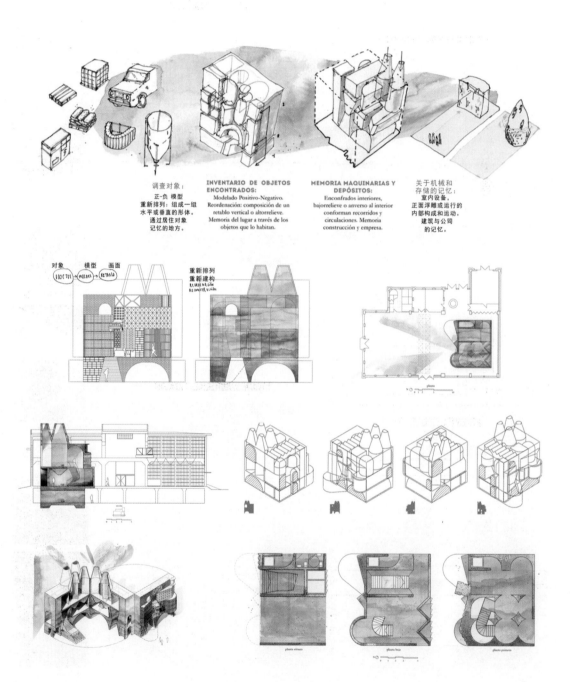

图 4-26

FURTIVE HUT

隐藏的小屋

图片来源于www.gonzalodelval.com

Mención especial en D3 HOUSING TOMORROW 2012
3º Premio ex aequo en SHELTER STUDENT ARCHITECTURAL
DESIGN COMPETITION 2010
Autor: Gonzalo del Val

D3 明日住宅 2012
"庇护所学生建筑设计竞赛 2010" 获奖作品
设计师：Gonzalo del Val

HUT'S PROGRAM
小屋内容

OVERVIEW ENVIRONMENT
总体环境

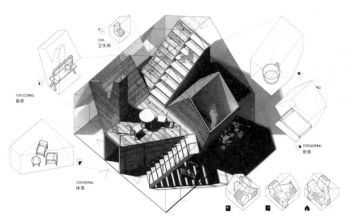

图 4-27

BERLIN NEU-BAHNHOF

柏林新站

Primer premio Veteco/Asefave 2012 para el mejor Proyecto Fin de carrera con fachada ligera
Primer premio Concurso de Arquitectura Pasajes de Arquitectura y Crítica e
Iguzzini Illuminazione 2009-2011
Nominado y Participante Favorito. Archiprix International 2011. Hounter
Douglas Awards.
Nominado y Participante Favorito. Archiprix International MIT/USA-Cambridge 2011. Hounter
Douglas Awards.
Exposición Archiprix International 2011. Architecture Department of the MIT. 25.06.11-17.08.11
Publicación Pasajes Arquitectura y Crítica nº122. 2012
Publicación Archiprix International nº 122, 2012
Publicación Archiprix International MIT Cambridge USA 2011. Hounter Douglas Awards. Worlds
Basil Graduation Projects 2011. 010 Publishers Rotterdam
Publicación Eco-ordinary. Etiquetas para la práctica cotidiana de la arquitectura, por Andrés
Jaque. Universidad Europea de Madrid, Escuela de Arquitectura. 2011
Publicación En transito 3. Proyectos Fin de Carrera 2009-2011. Universidad Europea de Madrid,
Escuela de Arquitectura. 2011
Autor: Gonzalo del Val

Veteco/Asefave 2012 比赛最佳项目设计一等奖
Concurso 建筑项目与建筑批评一等奖 2009-2011
Archiprix 麻省理工美国剑桥 2011 提名与最受欢迎奖，Hounter Douglas 奖
Archiprix 2011 国际展览，麻省理工建筑系2011.06. 25-2011.08.17
建筑与批评出版 nº 122, 2012
Archiprix 国际麻省理工美国剑桥2011出版。Hounter Douglas奖，世界最佳学位项目2011。鹿特丹010出版社。
生态推举出版，《建筑标签的日常练习》Andres Jaque著，马德里欧洲学院建筑系，2011。
En Transito 3 出版。职业生涯结束项目2009-2011 马德里欧洲学院建筑系，2011

作者: Gonzalo del Val

图片来源于www.gonzalodelval.com

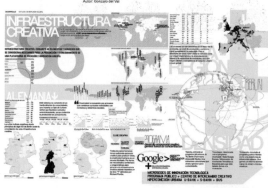

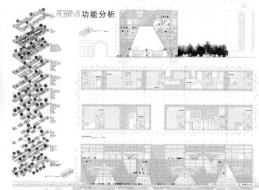

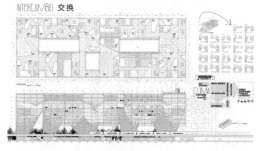

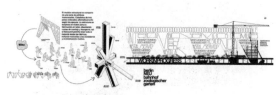

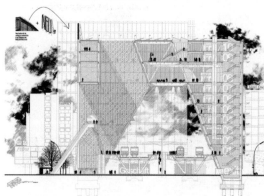

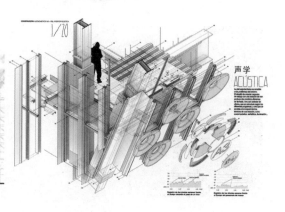

图 4-28

MEDELLIN / The river that is not

麦德林/是不是这条河

Diseño: LCLA office + Agenda
Hidrología y ecología: Ing Carlos Cadavid.
Dirección Centro de Produccion Limpia y Tecnologias Ambientales

设计：LCLA工作室+Agenda
水文与生态：ING卡洛斯卡斯达维德。
地址：清洁生产和环保技术中心。

图片来源于www.luiscallejas.com

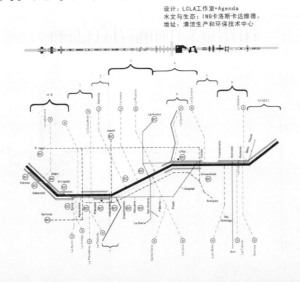

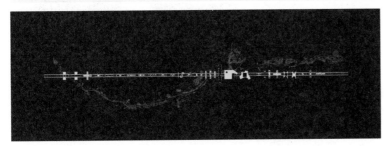

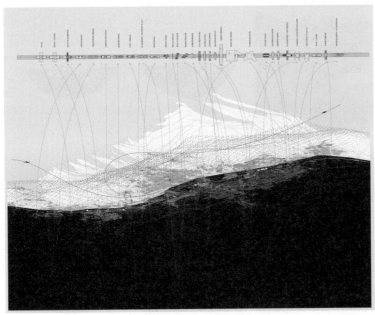

图 4-29

111

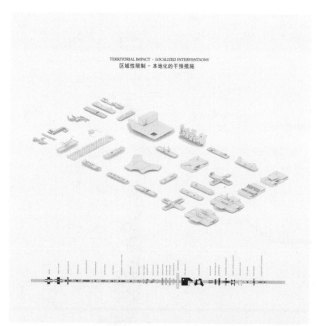

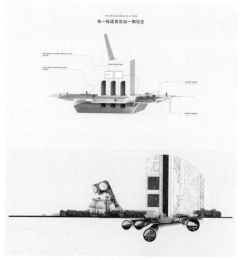

图 4-30

112

LOCAL MICROGROWTH

局部微增长

图片来源于www.gonzalodelval.com

Honorable mention. Europan 11 - Infrastructure Behind The City. Dubrovnik , Hrvatska.
Autores: Gonzalo Gutiérrez + Gonzalo del Val

荣誉奖。Europan11 - 城市背后的基础设施。杜布罗夫尼克，赫尔瓦。
作者：古铁雷斯+贡萨洛·德尔瓦尔

图 4-31

建 筑 室 内 设 计 分 析 图 表 达

NUK II National Library Proposal

NUK II 国家图书馆设计提案

Architects: BARCODE Architects, in collaboration with Emiel Lamers & ABT
Location: Ljubljana, Slovenia
Client: Ministry of Higher Education, Science and Technology
Stage: Competition design
Area: 20,000m²
Year: 2012

建筑师：BARCODE 建筑事务所，
　　　　与 Emiel Lamers & ABT 合作
地点：斯洛文尼亚，布鲁尔雅那
客户：科学与技术高等教育部
类型：竞赛设计
面积：20000平米
年份：2012

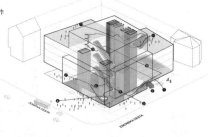

图片来源于www.archdaily.com

JOFEBAR PANORAM　JOFEBAR 建筑与室内设计

Concurso restringido para el stand de JOFEBAR PANORAM[AH] en Veteco 2014
Autores: Paula García-Masedo, Gonzalo del Val

Veteco 2014 JOFEBAR 建筑与室
内设计限制性招标
设计师：Paula García-Masedo,
Gonzalo del Val

图片来源于www.gonzalodelval.com

CLAB　CLAB 商务俱乐部

Autores: Toni Gelabert, Blanca Juanes,
Alejandro Londoño, Valentin Sanz,
Gonzalo del Val

设计师：Toni Gelabert, Blanca Juanes,
Alejandro Londoño, Valentin Sanz,
Gonzalo del Val

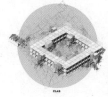

图片来源于www.gonzalodelval.com

图 4-32

"Changing the Face 2013 Rotunda Warsaw"

"改头换面"华沙银行设计方案 2013

Segundo Premio compartido. "Changing the Face 2013 Rotunda Warsaw"
organizado por PKO Bank Polski y Dupont. Warsaw. Poland.
Autores: Rodrigo Garcia, Maciej Siuda, Gonzalo del Val.

二等奖:"改头换面"华沙银行设计方案 2013
组织者:中央银行,杜邦公司,波兰,华沙
设计师:Rodrigo Garcia, Maciej Siuda, Gonzalo del Val.

图片来源于www.gonzalodelval.com

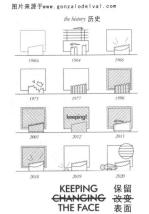

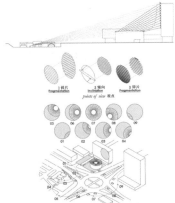

VIVA PIÑATA　皮纳塔的欢呼

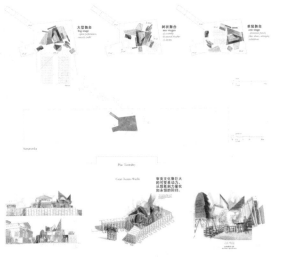

图片来源于www.gonzalodelval.com

BLOW-UP　吹胀

Autor: Gonzalo del Val
设计师: Gonzalo del Val
图片来源于www.gonzalodelval.com

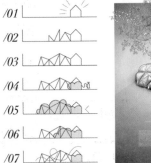

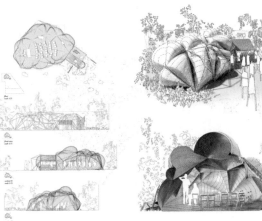

图 4-33

Omses architects: harvest green project

收获绿化工程

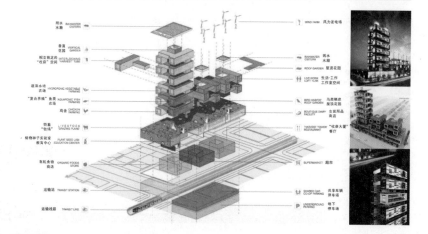

图片来源于www.designboom.com

AQUATIC CENTER 水上运动中心

Design: Luis Callejas in association with
Edgar Mazo and Sebastian Mejia
(as Paisajes Emergentes)
Location: Medellin, Colombia
Structural engineering: Jorge Aristizabal
Client: Medellin Mayor's office, Inder, Coldeportes
Surface: 16,000 sqm
Project Year: 2008
Completed in 2012
Photographs: Iwan Baan / Luis Callejas

设计：Luis Callejas 与 Edgar Mazo
和 Sebastian Mejia 合作
地点：哥伦比亚，麦德林
结构工程师：Jorge Aristizabal
客户：麦德林·梅奥办公室，Inder，Coldeportes
建筑面积：16000平米
项目年份：2008
建成时间：2012
摄影：Iwan Baan/Luis Callejas

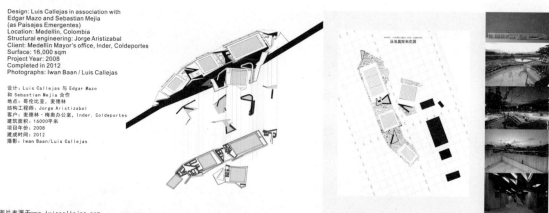

图片来源于www.luiscallejas.com

VALPARAISO / Cultural park VALPARAISO文化公园

ESPACIO COMÚN
公共空间

PARQUE
公园

INSIDE / OUTSIDE
内部/外部

图片来源于www.luiscallejas.com

图 4-34

建 | 筑 | 室 | 内 | 设 | 计 | 分 | 析 | 图 | 表 | 达

MEDELLIN / Kindergarden

麦德林幼儿园

图片来源于www.luiscallejas.com

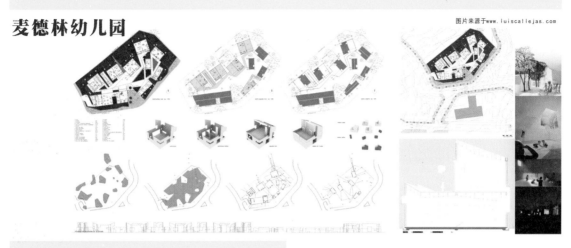

MEDELLIN / Bowling alleys　麦德林保龄球馆

Concurso público internacional
Arquitectura, Urbanismo y paisajismo.Third prize.
Escenarios IX juegos deportivos mas propuestas de urbanismo.
Medellin, 2008

国际竞争性招标
建筑学，城市规划和景观
三等奖。
方案IX体育比赛更多的规划建议
麦德林，2008年

图片来源于www.luiscallejas.com

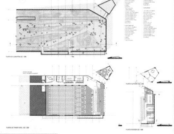

LONDON / Weightless　伦敦/失重

Balloons deployed onto farm animals.
About 2 cubic metres of Helium.
Floating houses:240 cubic metres of helium
Competition entry. Airplot international competition

气球部署到农场里的动物身上
关于2立方米氦
浮动房屋：240立方米氦气
参赛。Airplot国际竞争

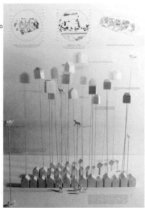

图片来源于www.luiscallejas.com

图 4-35

建 筑 室 内 设 计 分 析 图 表 达

RIO / 2016 Olympic master plan

伦敦/2016奥运会总体规划

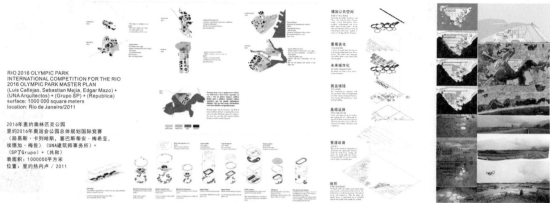

RIO 2016 OLYMPIC PARK
INTERNATIONAL COMPETITION FOR THE RIO
2016 OLYMPIC PARK MASTER PLAN
(Luis Callejas, Sebastian Mejia, Edgar Mazo) +
(UNA Arquitectos) + (Grupo SP) + (Republica)
surface: 1000 000 square meters
location: Rio de Janeiro/2011

2016年里约奥林匹克公园
里约2016年奥运会公园总体规划国际竞赛
（路易斯·卡列哈斯，塞巴斯蒂安·梅希亚，
埃德加·梅佐）（UNA建筑师事务所）+
（SP了Grupo）+（共和）
表面积：1000000平方米
位置：里约热内卢 / 2011

BELGRADE / Centre of science   贝尔格莱德/科技中心

Status: Invited competition entry   2状态：受邀参赛
Location: Belgrade, Serbia.   位置：贝尔格莱德，塞尔维亚

TEMUCO / Cautin island park   特木科/Cautin岛公园

Parque Isla Cautin.   Cautin岛公园
Temuco,Chile / Abril 2011   特木科，智利/2011年4月

图 4–36

建 筑 室 内 设 计 分 析 图 表 达

BALTIC SEA / Kunst Dokk

波罗的海/艺术码头

Design: LCLA office
Client: Union of Estonian Architects and Pärnu
City Government

图片来源于www.luiscallejas.com

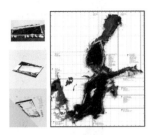
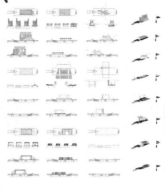

MONTREAL / Autoroute 20　蒙特利尔/20高速公路

Montreal moving landscapes competition　蒙特利尔移动景观竞赛
Montreal, Canada　2011　加拿大蒙特利尔，2011

图片来源于www.luiscallejas.com

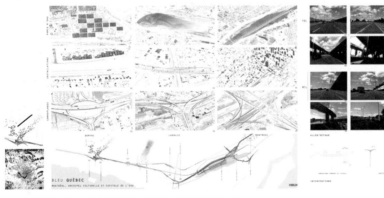
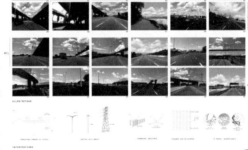

MEDELLIN / SN Library　麦德林/SN图书馆

图片来源于www.luiscallejas.com

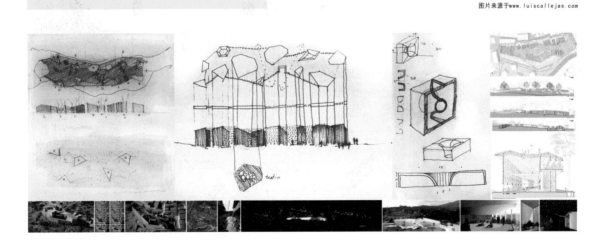

图 4-37

119

建 筑 室 内 设 计 分 析 图 表 达

Sang Seng Jae

Sang Seng Jae

Architects: Design Guild
Location: Seoul, South Korea
Chief Architect: Daewon Kwak
Area: 294.0 sqm
Photographs: Hyo Chul Hwang

建筑师：设计协会
地点：韩国首尔
首席架构师：代元郭
面积：294.0平方米
摄影：孝哲黄

图片来源于http://www.archdaily.com/

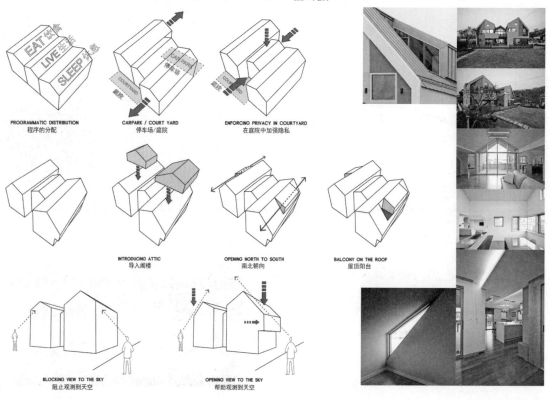

PROGRAMMATIC DISTRIBUTION
程序的分配

CARPARK / COURT YARD
停车场/庭院

ENFORCING PRIVACY IN COURTYARD
在庭院中加强隐私

INTRODUCING ATTIC
导入阁楼

OPENING NORTH TO SOUTH
南北朝向

BALCONY ON THE ROOF
屋顶阳台

BLOCKING VIEW TO THE SKY
阻止观测到天空

OPENING VIEW TO THE SKY
帮助观测到天空

Vrbani Business Center　Vrbani商务中心

Architects: NFO
Location: Zagreb, Croatia
Area: 35,370 m²

建筑师：NFO
地点：克罗地亚萨格勒布
面积：35370平方米

图片来源于http://www.archdaily.com/

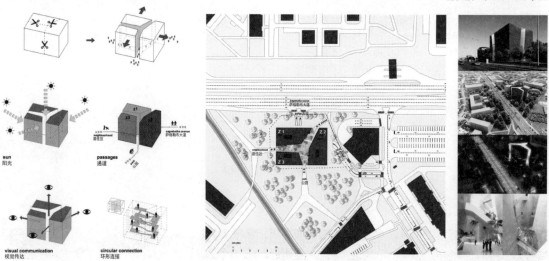

sun
阳光

passages
通道

visual communication
视觉传达

circular connection
环形连接

图 4-38

Disaster Responsive Shelter

救灾住房

Architects: Urban Intensity Architects
Location: Tanauan, Leyte, Philippines
Area: 160.0 sqm
Project Year: 2015

建筑师：都市强度建筑事务所
地点：菲律宾莱特岛塔纳万市
面积：160.0平方米
项目年份：2015年

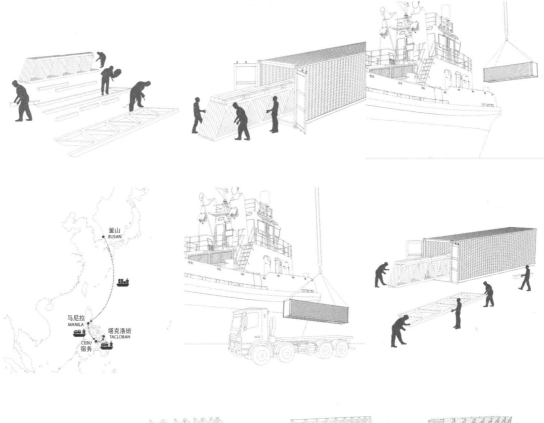

 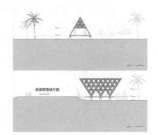 

图 4-39

Centre For Cancer And Health

癌症和健康中心

Architects: Nord Architects
Location: Copenhagen, Denmark
Area: 2250.0 sqm
Project Year: 2011
Photographs: Adam Mørk

建筑师：北建筑师
地点：丹麦哥本哈根
面积：2250.0平方米
项目年份：2011
摄影：亚当·莫克

图片来源于http://www.archdaily.com/

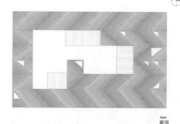

Roof
屋顶

South Elevation 1:200
南立面

East Elevation 1:200
东立面

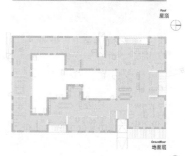

Ground floor
地面层

North Elevation 1:200
北立面

West Elevation 1:200
西立面

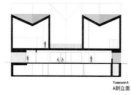

Tværsnit A
A剖立面

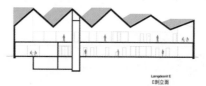

Længdesnit E
E剖立面

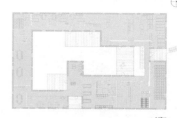

1 st floor
一层

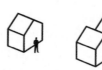

Basement
地下层

图 4-40

建｜筑｜室｜内｜设｜计｜分｜析｜图｜表｜达

WMS Boathouse at Clark Park

克拉克公园的船屋

图片来源于http://www.archdaily.com/

Architects: Studio Gang Architects
Location: 3400 North Rockwell Street, Chicago, IL 60618, USA
Area: 22620.0 ft2
Project Year: 2013

建筑：Studio Gang建筑事务所
位置：美国芝加哥北罗克韦尔街400
面积：22620.0平方英尺
项目年份：2013

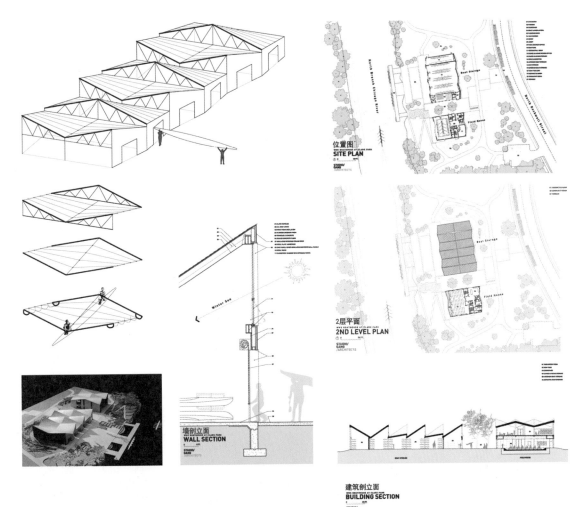

图 4-41

建｜筑｜室｜内｜设｜计｜分｜析｜图｜表｜达

Wuxi Grand Theatre

无锡大剧院

Architects: PES-Architects
Location: Wuxi, Jiangsu, China
Project Year: 2012

建筑师：PES-建筑事务所
地点：中国江苏省无锡市
项目年份：2012

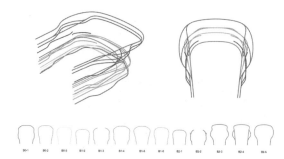

Main Auditorium Bamboo Wall curves illustration
主会场竹墙曲线图

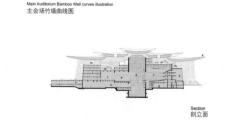

Section
剖立面

South elevation
南立面

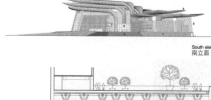

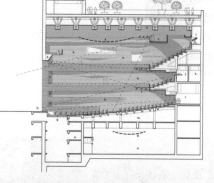

1:1000
Plan +6m level
平面

1:250
Main Auditorium long section
主会场横向剖立面

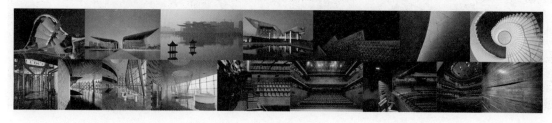

图 4-42

建筑 室 内 设 计 分 析 图 表 达

Metalsa

金属公司

Architects: Brooks + Scarpa Architects
Location: Monterrey IT Cluster, Parque de Investigación e Innovación Tecnológica, Nuevo Leon, Mexico
Area: 55000.0 ft2
Project Year: 2013

图片来源于http://www.archdaily.com/

建筑师：布鲁克斯+斯卡帕建筑事务所
位置：墨西哥新莱昂州，园区研究和技术创新，蒙特雷信息产业集群
面积：55000.0平方英尺
项目年份：2013

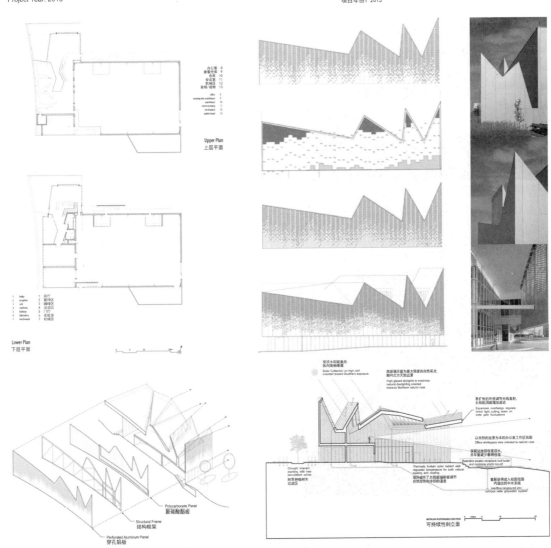

图 4-43

Habitia H-Club

Habitia H-俱乐部

Architects: IDIN Architects
Location: Soi Thian Thale 28, Khet Bang Khun Thian, Krung Thep Maha Nakhon 10150, Thailand
Area: 302.0 sqm
Project Year: 2014

建筑师：IDIN建筑事务所
位置：泰国曼谷摩诃那
面积：302m²
项目年份：2014

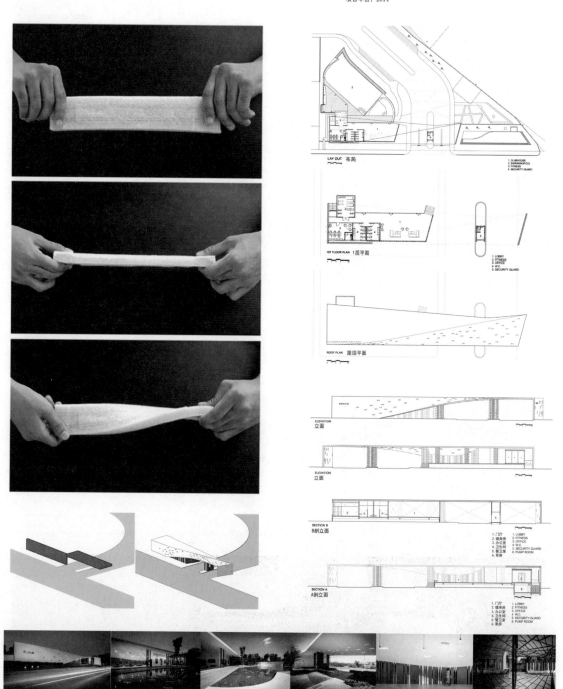

图4-44

建 筑 室 内 设 计 分 析 图 表 达

Social Housing in Shangan Avenue

在陕甘大道的社会住房

图片来源于http://www.archdaily.com/

Architects: FKL architects
Location: Shangan Avenue, Ballymun, Dublin, Ireland
Area: 3746.0 sqm
Project Year: 2013
Photographs: Courtesy of FKL architects

建筑师：FKL建筑事务所
地点：爱尔兰都柏林巴利芒陕甘大道
面积：3746平方米
项目年份：2013

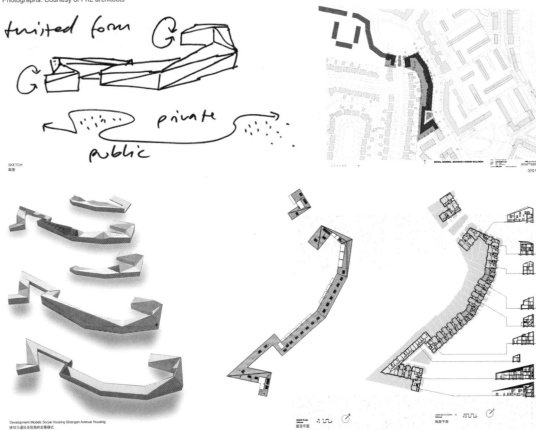

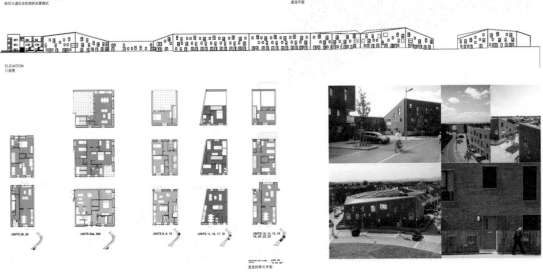

图 4-45

建 筑 室 内 设 计 分 析 图 表 达

Alpine Shelter Skuta

阿尔卑斯山庇护所

Architects: OFIS Architects, AKT II, Harvard GSD Students
Location: Skuta, Slovenia
Project Year: 2015
Thermal and fire safe insulations: ROCKWOOL stone wool

建筑师：OFIS建筑事务所，AKT II，哈佛GSD学生
地点：斯洛文尼亚Skuta
项目年份：2015
隔热和防火绝缘材料：岩棉

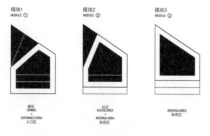

模块1 MODULE ①　模块2 MODULE ②　模块3 MODULE ③

餐饮 DINING + 入口区 ENTRANCE AREA　社区 SOCIAL AREA + 休息区 RESTING AREA　休息区 RESTING AREA

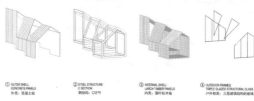

① OUTER SHELL CONCRETE PANELS 外壳：混凝土板　② STEEL STRUCTURE C SECTION 钢结构：C型钢　③ INTERNAL SHELL LARCH TIMBER PANELS 内壳：落叶松木板　④ OUTDOOR FRAMES TRIPLE GLAZED STRUCTURAL GLASS 户外框架：三层玻璃结构的玻璃

功能程序 FUNCTIONAL PROGRAM

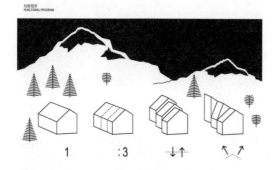

1 : 3

结构流程 STRUCTURAL PROCESS

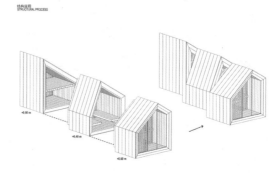

体模型型化 VOLUME MODELING

压缩和位置 CARRIAGE AND LOCATION

模块的分解图 EXPLODED VIEW OF MODULES

① TIMBER BED　1 木床
② TIMBER BENCHBED　2 木板凳/床
③ TIMBER TABLE　3 木桌子
④ SMALL FOLDING TABLE　4 小折叠桌
⑤ DOOR　5 门
⑥ VERTICAL TIMBER BETON　6 垂直木材混凝土
⑦ STRUCTURAL GLASS WINDOW　7 结构玻璃窗口

图 4-46

House Zilvar

Zilvar住宅

Architects: ASGK Design
Location: Lodín, Czech Republic
Area: 83.0 sqm
Project Year: 2013

建筑师：ASGK设计
地点：捷克共和国Lodin
面积：83.0平方米
项目年份：2013

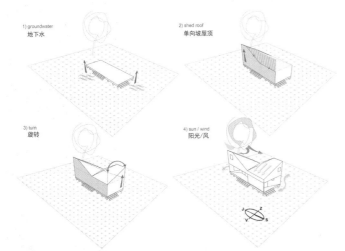

1) groundwater
地下水

2) shed roof
单向坡屋顶

3) turn
旋转

4) sun / wind
阳光/风

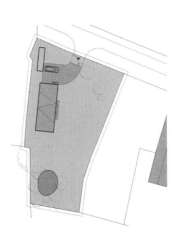

1层
地面层

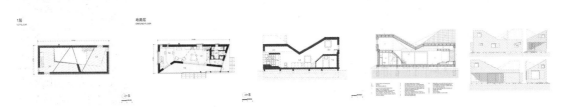

图 4-47

建 筑 室 内 设 计 分 析 图 表 达

Urban Stripes

城市条纹

图片来源于http://www.archdaily.com/

Architects: Klab Architecture
Location: Veikou 37, Athens 117 42, Greece
Architect in Charge: Klab Architecture, Konstantinos Labrinopoulos
Design Team: Enrique Ramírez, Veronika Vasileiou, Elena Skorda
Project Year: 2013

建筑师：Klab建筑事务所
地点：希腊雅典Veikou
建筑师负责人：Klab Architecture, Konstantinos Labrinopoulos
设计团队：Enrique Ramírez, Veronika Vasileiou, Elena Skorda
项目年份：2013

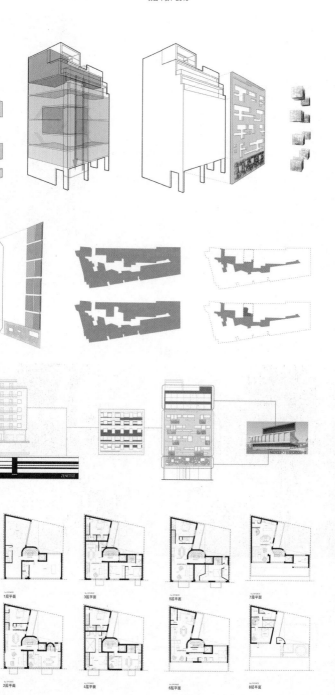

图 4-48

The Turbulences FRAC Centre

流动的FRAC中心

图片来源于http://www.archdaily.com/

Associated Artists: Electronic Shadow
Structure: Batiserf - Emmer Pflenninger ond Parnter AG
Fluids: Bet Choulet
Economy: Bureau Michel Forgue
Acoustics: J-P Lamoureux
Cost: 8.5 M €

相关艺术家：Electronic Shadow
结构：Batiserf - Emmer Pflenninger ond Parnter AG
流体：Bet Choulet
声学：J-P Lamoureux

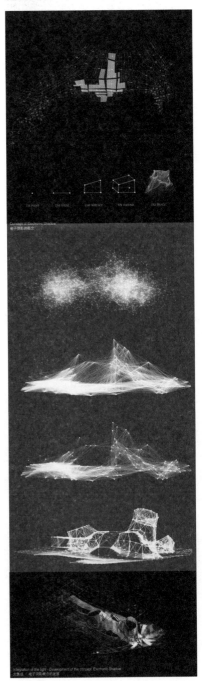

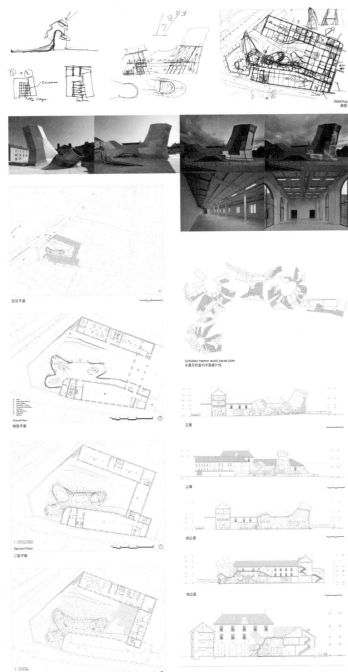

图 4-49

|建|筑|室|内|设|计|分|析|图|表|达|

Zhuhai Observation Tower

珠海观光塔

Architects: WVA Architects
Architect in Charge, Project Manager: Jean Hubert Chow
Client: Zhuhai Huafa Group
Area: 2385.0 sqm
Project Year: 2014
Photographs: Courtesy of WVA Architects

建筑师：WVA建筑师事务所
面积：2385m²
年份：2014

图片来源于http://www.archdaily.com/

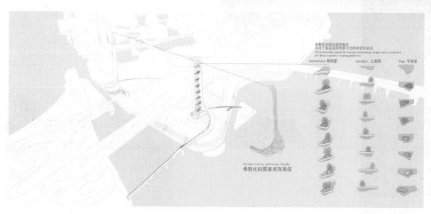

Full Louver Closure
全百叶窗封闭

Partial Louver Opening Option
部分百叶窗开放选择

Open Louver Option
开放百叶窗选择

Revealing of the Pearl Through Open Louvers
通过开启百叶窗展示内核

图 4-50

132

4.2 室内空间设计分析图解析

图 4-51 和图 4-52 是芬兰赫尔辛基古根海姆博物馆的设计方案，由 spatial practice 设计事务所设计。该设计由于靠近海边因此属于滨水建筑，设计师采用了波浪叠级形态作为建筑的屋顶，以此与海水产生关联，空间格局为房屋与花园交错，形成良好的虚实关系。

作者运用简洁的立面图分析概念，使用轴测形式的层级分解图表述功能、区域划分和交通流线，利用平面图描述展陈方式，再配合卡通水彩形式的立面图和效果图，让设计显现出当代艺术的观念性特征，符合北欧的地域特质。

图 4-56 是位于瑞士日内瓦的学生宿舍设计方案，此设计是一竞赛项目的获奖作品。设计师使用了简化的平面图和立面图分析空间区域划分，图面运用粗线条和黑色块面强调空间区域功能和竖向分析，配合学生形象的抽象人物造型及对话框文字形式给予说明，简洁直观且生动形象。轴测形式的室内空间叠级分析让宿舍内部的布局与功能一目了然，灰色调的线条与色块使画面干净而统一，在此基础上在家具和设施上点缀性地填充明度较高的红、粉、橙、绿、蓝、青色，既显示了功能区域的划分，又使图纸色调保持统一而不凌乱。户外公共空间与交通空间由于面积不大，采用统一的黄色进行整体地面填充，明确与室内空间区分，使图纸显得连贯而紧凑。最后配上手绘形式的透视效果图（同样运用线条加亮色块，以及抽象人物形象）予以补充，使整个设计完整而富于青春活力。

图 4-57 是在现有的霍索恩住宅基础上改建和添加一栋双朝向空间的设计方案，项目位于一个郁郁葱葱的绿色街区里，客户希望重新定向房子，创造朝北的窗户。因此，设计师在设计中拉开与现有建筑物的距离，创造了一个庭院和一堵朝北的外墙。然后，延伸的居住空间能够西气东输，并扩大其北部面积。屋顶形式被设计成非对称的蝶形，倾斜的天花板和高高的窗户相结合，可以柔和地扩散自然光，并创造了高大的空间感。一扇大面积的玻璃门，推开后使空间进入到一个开放的环境——两座花园之间。热能，烟囱效应，太阳能玻璃和排水系统也被完善的可持续发展技术集成到设计中。

设计师在方案设计中以鸟瞰图为基底，加上简易的文字描述和线条、符号，分析场地规划，以及房屋的位置、光照与造型演变过程。再用添加地面材质贴图的平面图为基础，加上文字、箭头和带色线框分析空间与花园之间的光影、通风效果。最后，利用人视角的透视效果图结合文字、箭头与参考图描述采光、遮阳、通风、气流、视野等功能。从图中可以看到，无论是鸟瞰图，还是平面图、效果图，作者都采用了比较接近真实场景的模型而并未选择简易的造型和单纯的色调，这样表现一定要注意拉开符号、线条与底图的距离，不要使其混合，本案例设计师的处理办法就是用对比强烈的色彩填充较宽的线条，并让其半透明化。

赫尔辛基古根海姆博物馆

图片来源于www.spatialpractice.com

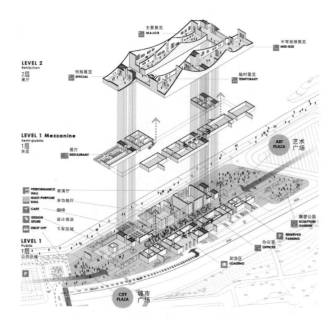

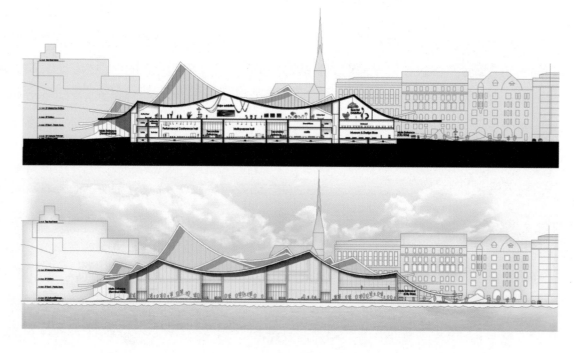

图 4-51（一）

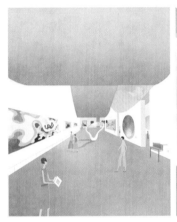

图 4-52（二）

Switch Building

开关建筑

图片来源于www.archdaily.com

Architect: nArchitects
Location: New York, USA
Project Year: 2004-2007
Client: 109 Norfolk, LLC
Constructed Area: 1,328 sqm
Program: Art gallery on Ground & Cellar Floors & 5 condo apartments
Photographs: Frank Oudeman & nArchitects

建筑设计：N建筑事务所
地点：美国 纽约
项目年份：2004~2007
客户：诺福克 109, LLC公司
建筑面积：1328 平方米
规划：地面层美术馆、地下层、5个独立产权公寓
摄影：弗兰克 · 欧德曼、N建筑事务所

开关建筑－图表分析
SWITCH BUILDING - DIAGRAM

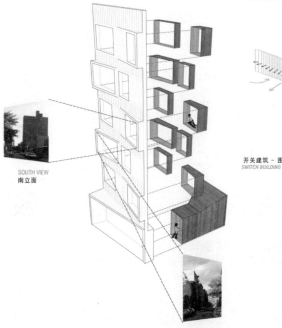

SOUTH VIEW
南立面

NORTH VIEW
北立面

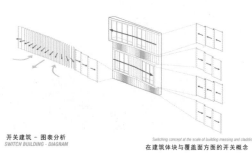

开关建筑－图表分析
SWITCH BUILDING - DIAGRAM

Switching concept at the scale of building massing and cladding.

在建筑体块与覆盖面方面的开关概念

小房间窗

Infrastructure and furniture are recombined as attributes of the facade.

基础设施与家具被重组为表面属性

图 4-53

牙科诊所室内设计

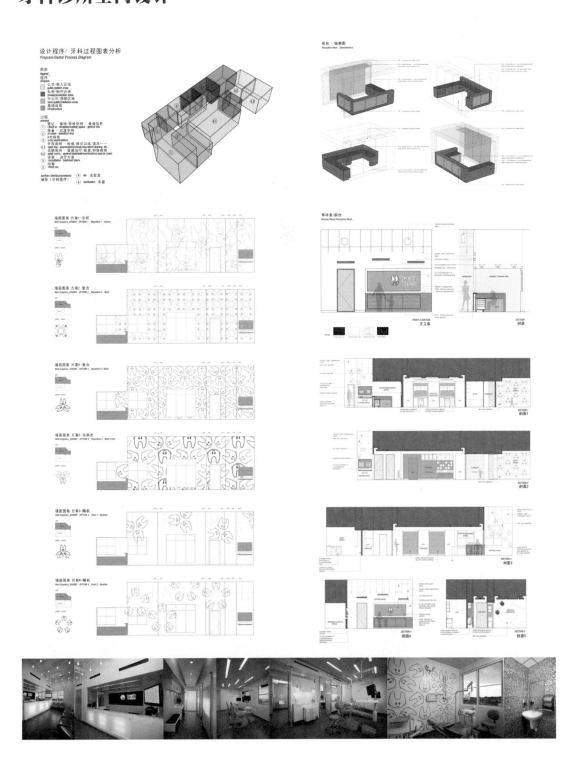

图 4-54

HOUSING FOR STUDENTS

学生宿舍设计

图片来源于pyoarquitectos.com

year: 2013
location: genève, switzerland
type: competition
size: 2700 m2
client: la cigüe, coopérative de logements pour personnes en formation
status: settled
award: 2013 [2nd phase finalist]

年份：2013
地点：瑞士，日内瓦
类型：竞赛
面积：2700㎡
客户：la cigüe，低薪个人住宅有限公司
状态：已建成
奖项：2013（决赛第二名）

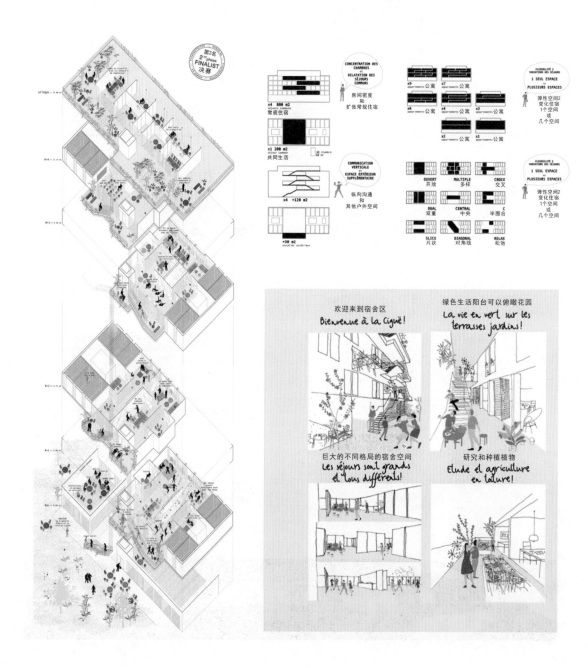

图 4-55

建 | 筑 | 室 | 内 | 设 | 计 | 分 | 析 | 图 | 表 | 达

霍索恩住宅

图片来源于www.mo-do.net

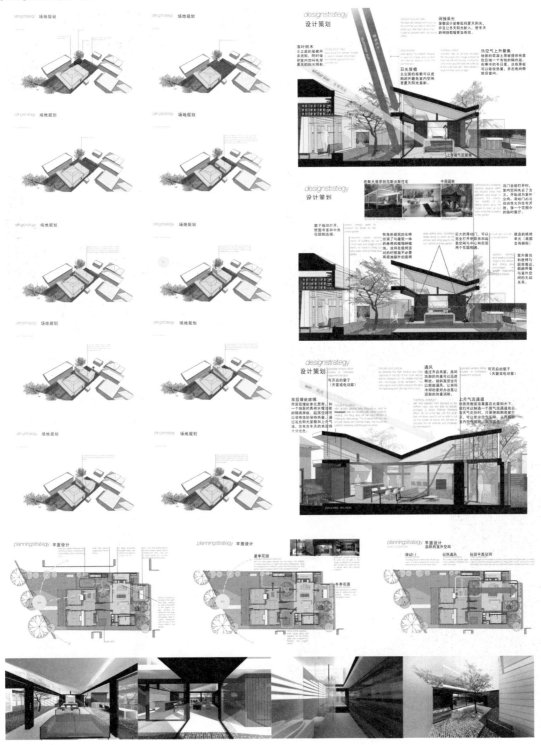

图 4-56

Building 115 / Graham Baba Architects

建筑115

图片来源于www.archdaily.com

Architects: Graham Baba Architects
Location: Fremont, Seattle, Washington, USA
General Contractor: D. Boone Construction
Structural Engineer: Swenson Say Fagét
Surveyor: Geo Dimensions
Geotechnical Engineer: Associated Earth Sciences
Channel Glass Manufacturer: TGP Pilkington Profilit
Project Area: 2,640 sqf
Project Year: 2009
Photographs: Michael Matisse and Graham Baba Architects

建筑师：Graham Baba 建筑事务所
地点：美国，华盛顿，西雅图，费尔蒙特
总承包商：D. Boone 建筑公司
检测员：Geo 检测公司
地理工程师：联合土地研究所
滑道玻璃制造商：TGP Plikington 公司
项目面积：2640 平方英尺
项目年份：2009

INDUSTRIAL　工业区
COMMERCIAL　商业区
RESIDENTIAL　居住区

42% OWNER OCCUPIED
42% 所有者占有

58% INCOME GENERATING
58% 产生收益

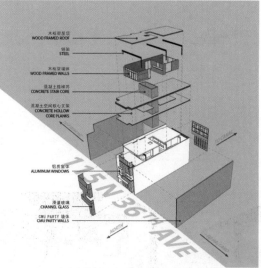

图 4-57

建 | 筑 | 室 | 内 | 设 | 计 | 分 | 析 | 图 | 表 | 达

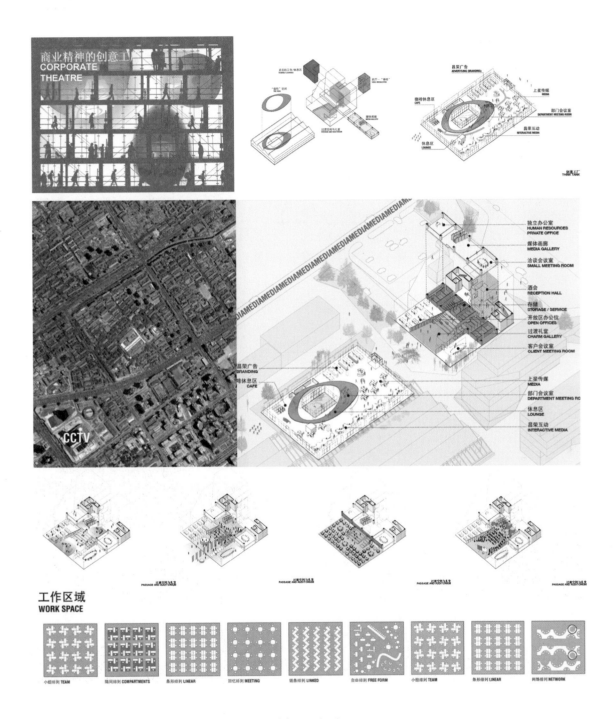

工作区域
WORK SPACE

图 4-58（一）

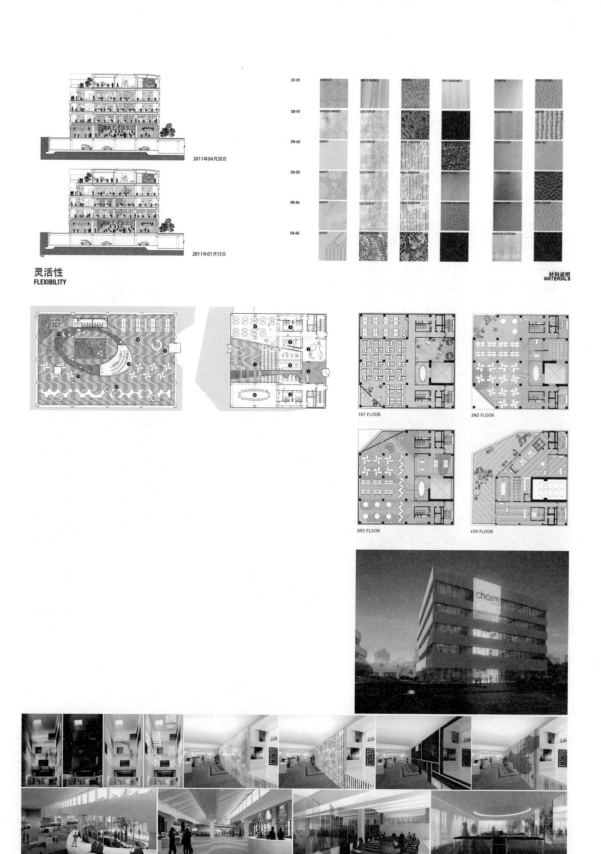

灵活性
FLEXIBILITY

图 4-59（二）

别墅4.0

Architect: Dick van Gameren architecten
Location: Netherlands

建筑师：Dick van Gameren 建筑事务所
地点：荷兰

图片来源于www.archdaily.com

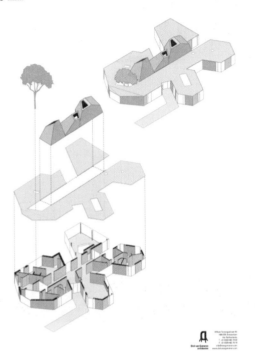

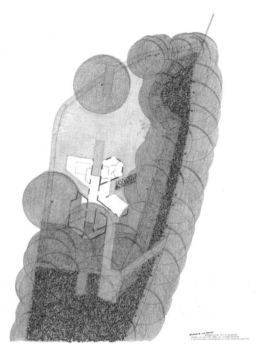

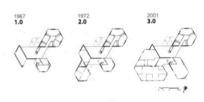

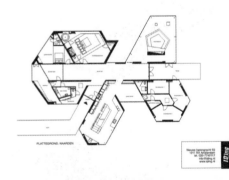

图 4-60

Ross Street House

玫瑰街别墅

Architects: Richard Wittschiebe Hand
Location: Madison, Wisconsin, USA
Client: Fred Berg & Carol Richard
Mechanical Engineer/ LEED Coordinator: Fred Berg
Structural Engineer: Diana Quinn, PE
Landscape Architect: Lisa J. Geer, ASLA
Project Area: 250.8 sqm
Budget: $500,000
Project Year: 2009

建筑师：理查德·维席切纳·汉德
地点：美国，威斯康辛，麦迪逊
客户：弗雷德·伯格和卡罗·理查德
机械工程师：绿色建筑LEED协调者：弗雷德·伯格
结构工程师：戴安娜·奎恩，PE
景观建筑师：丽萨·J·吉尔，ASLA
项目面积：250.8 m²
预算：500000美元
项目年份：2009

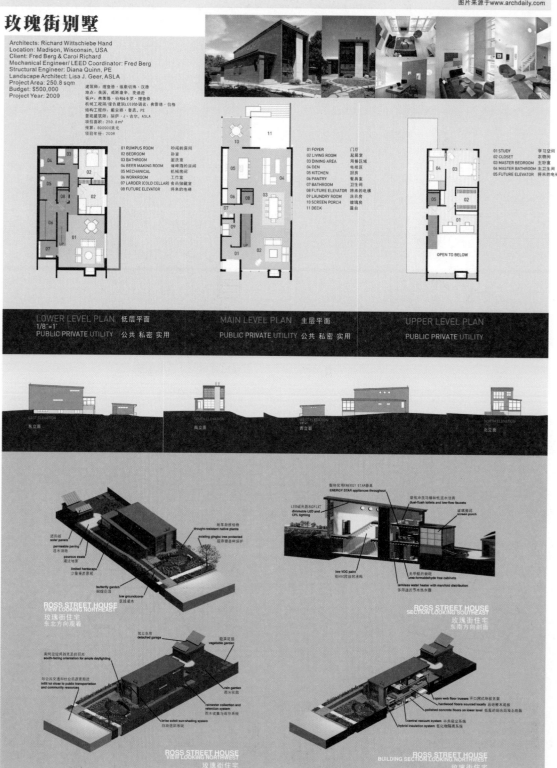

01 RUMPUS ROOM	吵闹的房间
02 BEDROOM	卧室
03 BATHROOM	盥洗室
04 BEER MAKING ROOM	酿啤酒的房间
05 MECHANICAL	机械房间
06 WORKROOM	工作室
07 LARDER (COLD CELLAR)	食品储藏室
08 FUTURE ELEVATOR	将来的电梯

01 FOYER	门厅
02 LIVING ROOM	起居室
03 DINING AREA	用餐区域
04 DEN	电视区
05 KITCHEN	厨房
06 PANTRY	餐具室
07 BATHROOM	卫生间
08 FUTURE ELEVATOR	将来的电梯
09 LAUNDRY ROOM	洗衣房
10 SCREEN PORCH	玻璃房
11 DECK	露台

01 STUDY	学习空间
02 CLOSET	衣橱间
03 MASTER BEDROOM	主卧室
04 MASTER BATHROOM	主卫生间
05 FUTURE ELEVATOR	将来的电梯

LOWER LEVEL PLAN 低层平面
1/8"=1'
PUBLIC PRIVATE UTILITY 公共 私密 实用

MAIN LEVEL PLAN 主层平面
PUBLIC PRIVATE UTILITY 公共 私密 实用

UPPER LEVEL PLAN
PUBLIC PRIVATE UTILITY

EAST ELEVATION 东立面

SOUTH ELEVATION 南立面

WEST ELEVATION 西立面

NORTH ELEVATION 北立面

ROSS STREET HOUSE
VIEW LOOKING NORTHEAST
玫瑰街住宅
东北方向观看

ROSS STREET HOUSE
SECTION LOOKING SOUTHEAST
玫瑰街住宅
东南方向剖面

ROSS STREET HOUSE
VIEW LOOKING NORTHWEST
玫瑰街住宅
西北方向观看

ROSS STREET HOUSE
BUILDING SECTION LOOKING NORTHWEST
玫瑰街住宅
西北方向建筑剖面

图 4–61

图 4-62 是位于美国纽约的哈密尔顿农庄青少年中心的室内设计方案，建筑空间形态为矩形，而且空间尺度较高。设计师在设计中进行合理布局的同时有效地利用了空间竖向尺度，首先根据功能划分出服务前台、开放式媒体房间、阅览区、上网区和演出空间，其中媒体房间充分利用层高被设计成具备开放性与隔声效果；演出空间由于视野与方向性特征，同样利用层高被设计成阶梯状看台形式；而阅览区考虑到青少年的身高，仅利用了靠近地面的区域制作了三层书架，此高度既吻合青少年的人体尺度，又让演出空间的阶梯状看台视野开阔。

分析图简单明了的描述了上述三个空间的设计构思，设计师运用立面图分析开放式媒体空间的隔音原理和可视性，以及阅览区的青少年尺度特点；运用轴测图分析阶梯看台的功能灵活性：能够满足玩耍与观演需求。图纸使用线条、箭头、色块表达视线方案、活动路径、声音传播范围和尺度位置，特别是色块的选择与设计方案中的色彩应用相呼应，使分析图与效果图成组、成系列。

图 4-63 是爱德华奥古斯塔建筑事务所设计的一个混合概念的办公空间，此空间是一个可以容纳三十人办公的创意媒体机构，因此设计采用了类型学的理念进行混合，混合对象形成新的办公功能与形态，使空间产生出一个独特的室内世界。这种设计烘托出培养创新力度的氛围，体现了公司的精神特质。每一个合成物件的本质特征来自于两个不同类型的"母体"，例如一组书架加上一个舞台的阶梯形式得到"书的舞台"，这种存储和座位的双重功能可以满足更广泛的办公需求。其他混合作品包括树椅、山地办公室、房桌和天光洞穴，每一个作品都由简单的贴面胶合板和白色油漆纤维板构建而成。各种微尺度的个人空间和群尺度的集体空间构造可以供所有员工使用。

分析图使用带轻柔光影效果的轴测图形式，附上加号与等号所形成的设计公式，外加素色表现让设计理念一目了然。统一的视角与尺度也让使分析显得更加理性。

图 4-64 是韩国大邱高山郡公共图书馆的设计方案，作品从建筑到室内，充分考虑功能性的区域划分，并重点设计阅览空间。设计师在建筑上构筑了多个位置的斜向空间，并利用这些空间在室内设计了尺度不同、形态各异、功能不一的阶梯状阅览区，以满足不同坐姿、不同人数、不同年龄的读者使用。

方案中的分析图制作也很巧妙，设计师用图表分析图描述建筑每层楼的功能分区，不同颜色代表不同区域，色块面积代表区域大小。并以媒体核心为建筑中心区，让其他空间围绕它进行螺旋向上的构建，地下层为仓库和停车场。此表述条理清晰，甚至不需要文字说明就能让人理解，比如绿色的山形符号表现户外景观。此外，建筑的螺旋式结构特征使空间立面与平面的展示可以直接展开连续，形成一幅图面。最重要的设计亮点则采用透视效果图表现，空间尺度与功能被直观的地面形态与人物填充表现得淋漓尽致。

图 4-65 是新加坡技术与设计大学学生宿舍和运动场综合体设计方案，学生宿舍由传统的封闭式垂直空间结构变为局部开放式的水平空间格局，并在建筑内部增设了与学生密切相关的各种活动空间，如自习、社交、手工、讨论、演说、讲座、会议、孵化等场所。同时，在户外区域也设计了类似的场地与设施，如攀岩、迷宫、游戏、运动等。每一项功能都经过调研整理出，每一类空间的设置与尺度都来源于功能需求，这让设计具有很强的实用性。

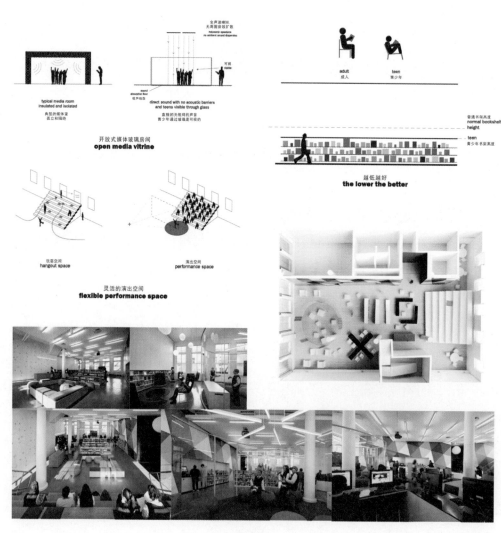

图 4-62

设计师采用了透视图形式的爆炸图制作分析图，建筑、空间经过爆炸被分解成一个个独立的单元，这些单元的位置被虚线连接在主图上，并用不同的色彩予以区分。设计师对每个单元使用同样的空间形式和不同的人物活动进行表达，结合不同色彩的文字予以区分，统一中呈现差异。在另一张分析图中，设计师使用了各种符号表现功能，比如火箭表现路径入口、五线谱表现音乐区、呼噜声表现休息区、环保符号代表垃圾分类与回收、蛋壳表现孵化区等等，这些符号所代表的内容无需文字解释，生动形象地说明问题，而且符合大学校园的青春气息与活力。

图 4-63

大邱高山郡公共图书馆

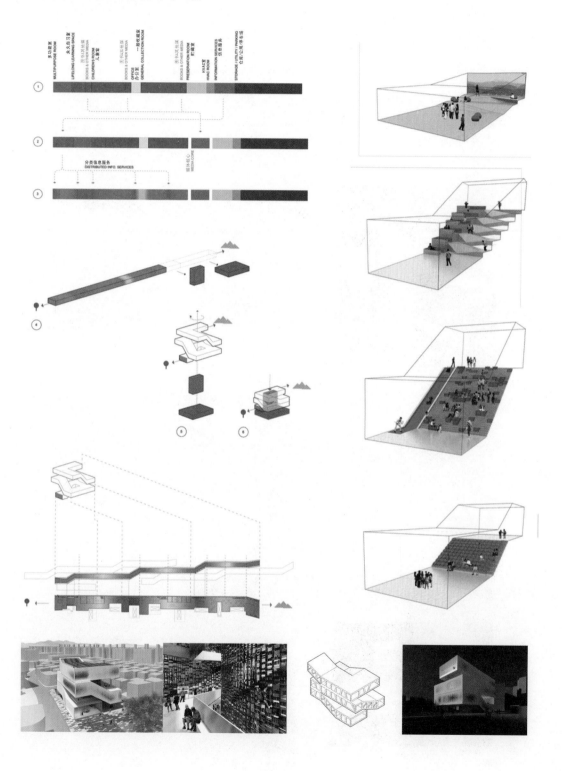

图 4-64

新加坡技术与设计大学学生宿舍和运动场综合体设计

图片来源于www.archdaily.com

Architects: LOOK Architects Pte Ltd, in collaboration with Surbana International Consultants PteLtd
C&S Engineer: Parson Brinckerhoff Pte Ltd
M&E Engineer: CPG Consultants Pte Ltd
Quantity Surveyor: CPG Consultants Pte Ltd
Client: Singapore University of Technology and Design
Site Area: 74,928 m²
Gross Floor Area: 74,928 m²
Status: Under Construction

建筑师：LOOK 建筑设计有限公司，与 Surbana 国际工程公司合作
C&S 工程师：Parson Brinckerhoff 有限公司
M&E 工程师：CPG 咨询有限公司
质量检测：CPG 咨询有限公司
客户：新加坡技术与设计大学
场地面积：74928m²
总建筑面积：74928m²
状态：建设中

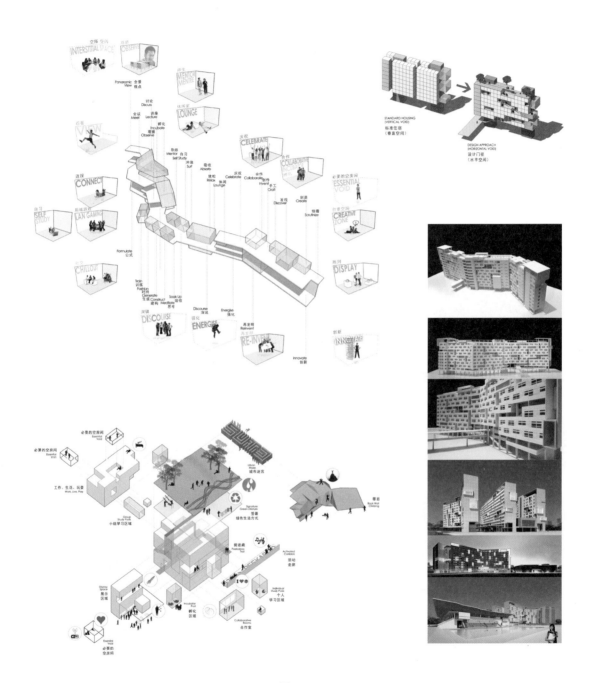

图 4-65

建筑 室内 设计 分析 图表 达

CINÉMATA

虚拟电影院设计

Accésit 1 en el Concurso de Arquitectura TRANSITARTE. Ministerio de Educación Cultura y Deporte. Subdirección General de Promoción de las Bellas Artes.
Autores: Diego Delas/Kidchalao, Gonzalo del Val

Accesit 1 比赛中的 TRANSITARTE 建筑。文化教育和体育部。美术促进计划。
设计师：Diego Delas/Kidchalao, Gonzalo del Val

CINEMA PARADISO, 电影院
Giuseppe Tornatore, 1988

Tres Premisas
三个前提

BIENVENIDO MISTER MARSHALL 欢迎马歇尔
Luis García Berlanga, 1953

8 1/2
Federico Fellini, 1963

Visionado colectivo 集体观看

视频上传 Grabación Upload

流媒体技术
Streaming

Reproducción 内部 doméstica 复制

El pabellón no tiene forma, pero tiene imagen.
Contenidos frente a continentes. La pantalla, el black mirror como medio, canal y apuesta. Del cubo blanco construido a la caja streaming transportable.
没有形状，但有图像。

No hay espacio. Hay estrategia.
Ya hay demasiados museos vacíos. Arquitectura como mediación entre usuarios y redes. FIN: Establecer puentes con redes asociativas, generar mediación. Grupos de trabajo.
没有足够的空间，没有战略。

Encender espacio: reiniciar lo existente.
Tras el carrusel, el espacio queda enmarcado, activado y lo que es más importante: en manos de redes asociativas y de trabajo. Cesiones temporales y dinamizadores locales. Minimizar el gasto: el cubo blanco ahora es la tapia repintada: permanece tras la fiesta.
打开现有的空间：重新启动。

Untitled, Billboard
Félix González-Torres, 1991

3. Encender espacios: reiniciar lo existente.
打开现有的空间：重新启动。

1. No hay espacio. Hay estrategia.
没有足够的空间，没有战略。

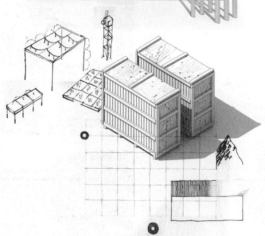

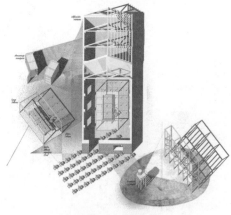

2. El pabellón no tiene forma, pero tiene imagen.
没有形状，但有图像。

图 4-66

Haus der Zukunft 竞赛 展会综合体设计

图片来源于www.archdaily.com

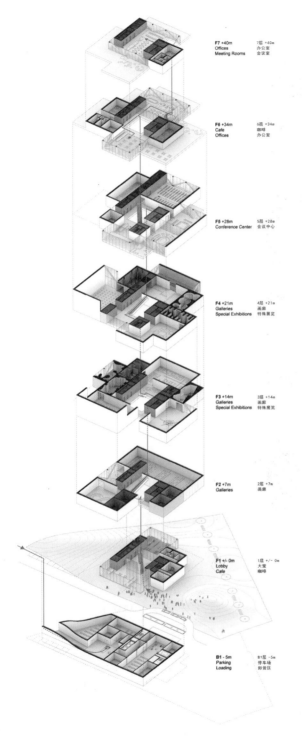

F7 +40m 　7层 +40m
Offices 　　办公室
Meeting Rooms 　会议室

F6 +34m 　6层 +34m
Cafe 　　咖啡
Offices 　　办公室

F5 +28m 　5层 +28m
Conference Center 　会议中心

F4 +21m 　4层 +21m
Galleries 　　画廊
Special Exhibitions 　特殊展览

F3 +14m 　3层 +14m
Galleries 　　画廊
Special Exhibitions 　特殊展览

F2 +7m 　2层 +7m
Galleries 　　画廊

F1 +/- 0m 　1层 +/- 0m
Lobby 　　大堂
Cafe 　　咖啡

B1 - 5m 　B1层 -5m
Parking 　　停车场
Loading 　　卸货区

Architects: Project Architect Company
Location: Berlin, Germany
Program: Exhibition and Convention Center
Status: International Competition 2012
Size: 11,000 m²

建筑师：Project Architect 公司
地点：德国，柏林
内容：展览与会议中心
类型：国际竞赛2012
场地面积：11000m²

图 4-67

Customi-Zip

订制的活力

Architects: L'EAU design
Location: 416-4 Gwacheon-dong, Gwacheon-si, Gyeonggi-do, South Korea
Architect in Charge: Dongjin Kim
Area: 560.0 sqm
Project Year: 2013
Photographs: Park Wan-soon

图片来源于http://www.archdaily.com/

建筑师：L'EAU设计
地点：韩国京畿道果川市果川洞416-4
建筑师负责人：金东金
面积：560.0平方米
项目年份：2013
摄影：朴宪淳

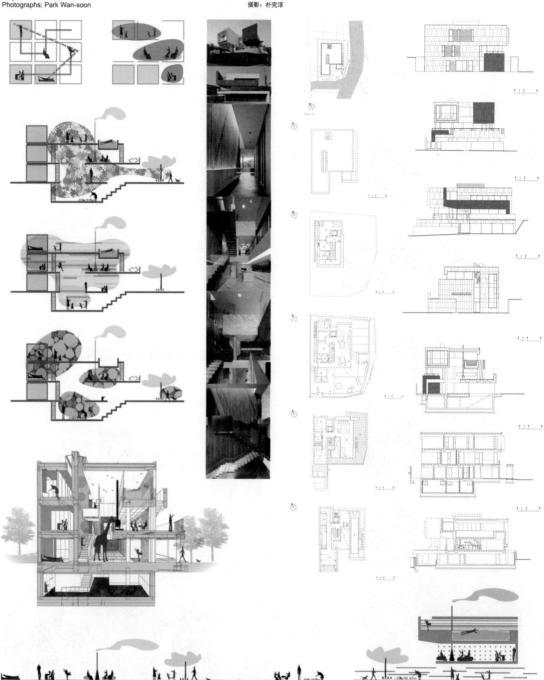

图 4-68

|建|筑|室|内|设|计|分|析|图|表|达|

ARUP Downtown Los Angeles

洛杉矶奥雅纳工程顾问公司

Architects: ZAGO Architecture
Location: 811 Wilshire Boulevard, Los Angeles, CA 90017, USA
Project Team: Andrew Zago, Laura Bouwman, Dale Strong
Area: 2500.0 ft2
Project Year: 2014
Photographs: Joshua White

建筑师: ZAGO建筑事务所
地点: 美国加州洛杉矶威尔希尔大道811号, CA 90017
项目团队: 安德鲁·扎戈, 劳拉·鲍曼, 戴尔·斯壮
面积: 2500.0平方英尺
项目年份: 2014年
摄影: 乔舒亚·怀特

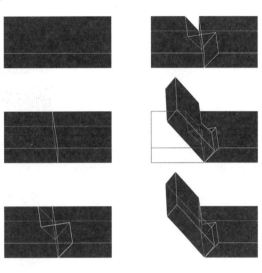

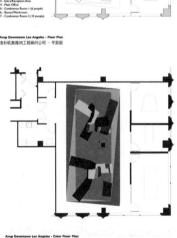

图例
01-电脑/服务器机房
02-休息室/复印室
03-入口/接待区
04-主要办公区
05-会议室（6人）
06-共享工作间
07-会议室（10人）

Key
01 - IT/Server Room
02 - Breakroom / Copy Room
03 - Entry/Reception Area
04 - Main Office
05 - Conference Room 1 (6 people)
06 - Shared Workroom
07 - Conference Room 2 (10 people)

Arup Downtown Los Angeles - Floor Plan
洛杉矶奥雅纳工程顾问公司 - 平面图

Arup Downtown Los Angeles - Color Floor Plan
洛杉矶奥雅纳工程顾问公司 - 色彩平面图

图 4-69

建筑室内设计分析图表达

OPEN Prototype for Temporary Sales Pavilion

临时销售亭的开放式原型

Architects: OPEN Architecture
Location: Beijing, China
Architect in Charge: Li Hu, Huang Wenjing
Area: 1115.0 sqm
Project Year: 2013
Photographs: Su Shengliang

建筑师：开放建筑事务所
地点：中国北京
建筑师负责人：李虎，黄文井
面积：1115.0平方米
项目年份：2013
摄影：苏生亮

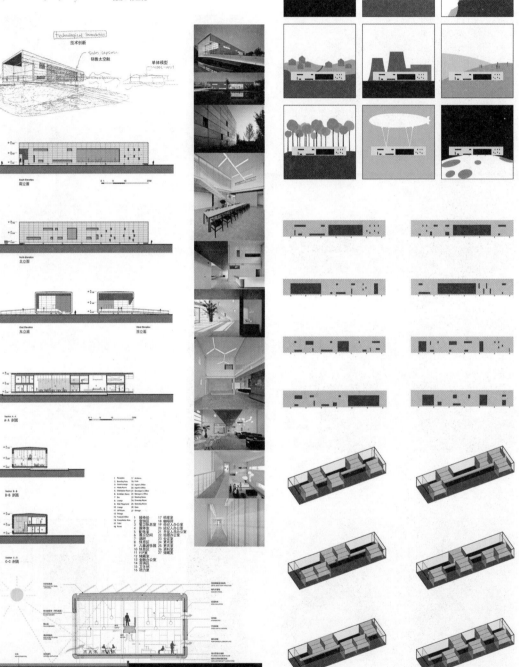

图片来源于http://www.archdaily.com/

图 4-70

JH Factory Complex Design

JH 厂房综合体设计

Architects: XU Kai
Location: Huli, Xiamen, Fujian, China, 361009
Area: 9500.0 sqm
Project Year: 2010

建筑师：许凯
地点：中国福建省厦门市湖里区，361009
面积：9500.0平方米
项目年份：2010

The Gap 峡谷

The Wall 墙

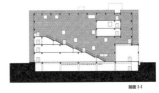

剖图 I-I

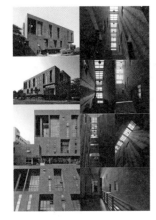

The Steps 平台

The Crack 裂缝

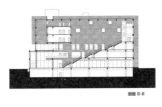

剖图 II-II

House of Awa-cho   Awa-cho 住宅

Architects: Container Design
Location: Awa, Tokushima Prefecture, Japan
Architect: Takanobu Kishimoto
Area: 725.67 sqm
Project Year: 2013
Photographs: Eiji Tomita

建筑师：容器设计
地点：阿波，德岛县，日本
建筑师：孝岸本齐
面积：725.67平方米
项目年份：2013
摄影：富田英司

Plan

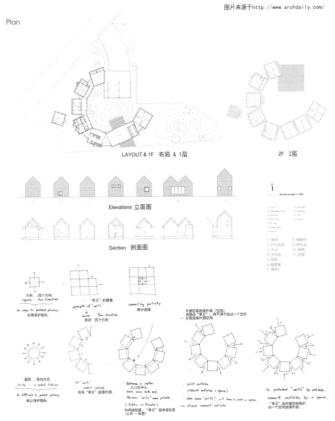

LAYOUT & 1F 布局 & 1层   2F 2层

Elevations 立面图

Section 剖面图

图 4-71

Monsoon Retreat

季风庇护所

Architects: Abraham John ARCHITECTS
Location: Khandala, Maharashtra, India
Area: 777.0 sqm
Project Year: 2013
Photographs: Alan Abraham

建筑师：约翰·亚伯拉罕建筑事务所
地点：印度马哈拉施特拉邦肯达拉
面积：777.0平方米
项目年份：2013
摄影：艾伦·亚伯拉

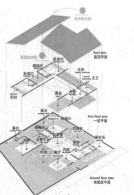

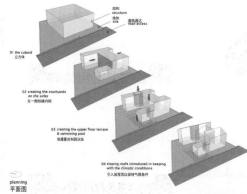

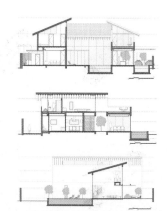

Via 31   Via 31 住宅

Architects: Somdoon Architects Ltd
Location: Bangkok, Thailand
Interior Consultant: Somdoon Architects Ltd
Area: 9682.75 sqm
Project Year: 2012
Photographs: W Workspace

建筑师：Somdoon建筑师有限公司
地点：泰国曼谷
面积：9682.75平方米
项目年份：2012
摄影：W工作区

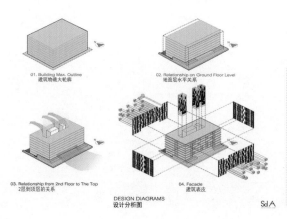

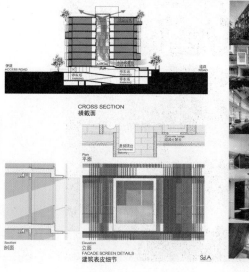

图 4-72

40 Housing Units

40单元住宅

图片来源于http://www.archdaily.com/

Architects: LAN Architecture
Location: 3 Rue Marie Georges Picquart, 75017 Paris, France
Area: 2900.0 sqm
Project Year: 2014

建筑师：LAN建筑事务所
地点：法国巴黎玛丽乔治皮卡特3街
面积：2900.0平方米
项目年份：2014年

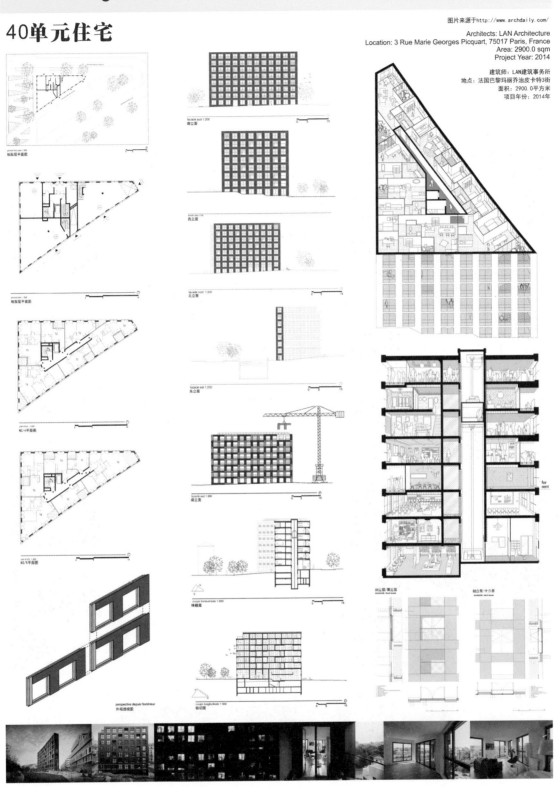

图 4-73

R4 Office

R4 办公空间

图片来源于http://www.archdaily.com/

Architects: Florian Busch Architects
Location: Roppongi, Minato, Tokyo 106-0032, Japan
Structural Engineering: Akira Suzuki / ASA
Environmental & Mechanical Engineering: ymo
Land area: 145.2m2
Floor area: 412.3 m2 + 102.7 m2 roof terrace

建筑师：弗洛里安·布希建筑事务所
地点：日本东京六本木
结构工程：铃木皓/ASA
环境及机械工程：YMO
占地面积：145.2平方米
建筑面积：412.3平方米+102.7平方米屋顶露台

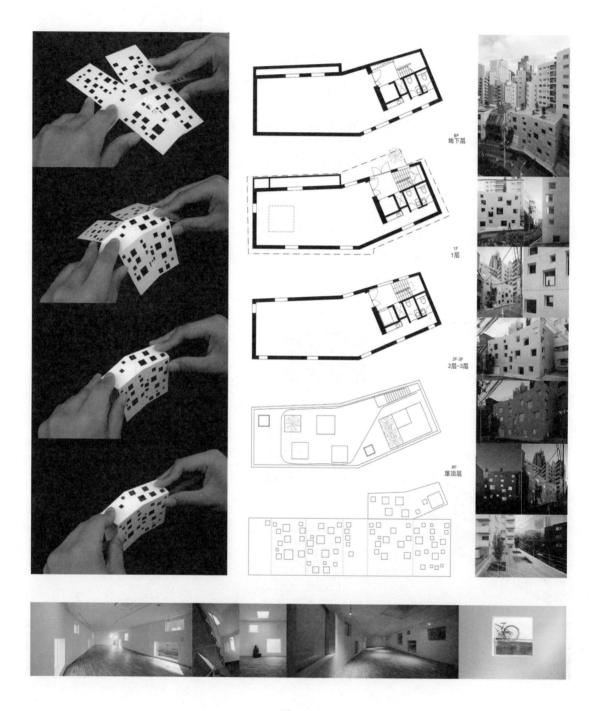

图 4-74

建 筑 室 内 设 计 分 析 图 表 达

Ordos Villa

鄂尔多斯别墅

地点：内蒙古鄂尔多斯
设计策划：艾未未

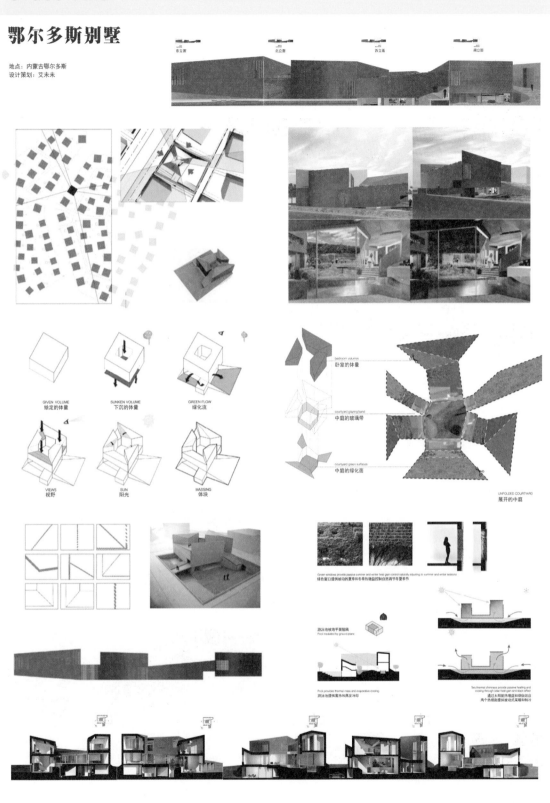

图 4-75

建｜筑｜室｜内｜设｜计｜分｜析｜图｜表｜达

A Flat-Pack Auditorium

扁平盒装礼堂

图片来源于http://www.archdaily.com/

Architects: Renzo Piano Building Workshop
Location: Viale Medaglie D'Oro, 67100 L'Aquila, Italy
Area: 2500.0 sqm
Project Year: 2012

建筑师：伦佐·皮亚诺建筑工作室
地点：的Viale Medaglie D'Oro酒店，67100意大利奎拉
面积：2500.0平方米
项目年份：2012

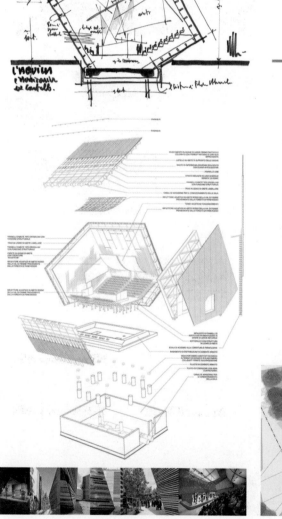

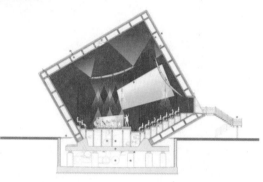

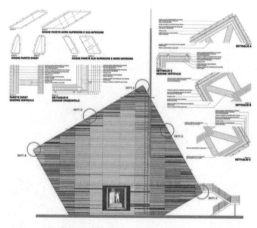

图 4-76

Conarte Bookstore

Conarte 书店

Architects: Anagrama
Location: Monterrey, N.L., Mexico
Area: 90.0 sqm
Project Year: 2015

建筑师：Anagrama
位置：墨西哥蒙特雷
面积：90.0平方米
项目年份：2015年

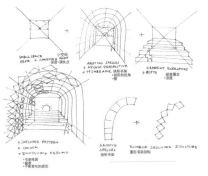
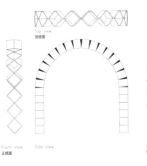
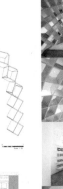

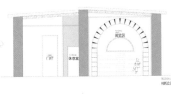
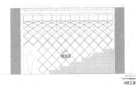

Al-Islah Mosque 阿尔－伊斯拉清真寺

Architects: Formwerkz Architects
Location: Singapore
Area: 3700.0 sqm

建筑师：Formwerkz建筑事务所
地点：新加坡
面积：3700.0平方米

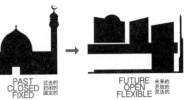

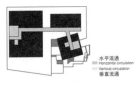
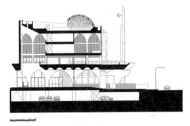

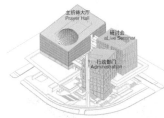
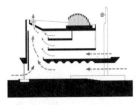
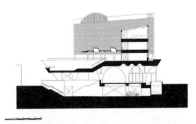

图 4-77

161

Cloud Seeding

云催化

图片来源于http://www.archdaily.com/

Architects: MODU, Geotectura
Location: Holon, Israel
Project Year: 2015

建筑师：MODU，Geotectura
地点：以色列霍隆
项目年份：2015年

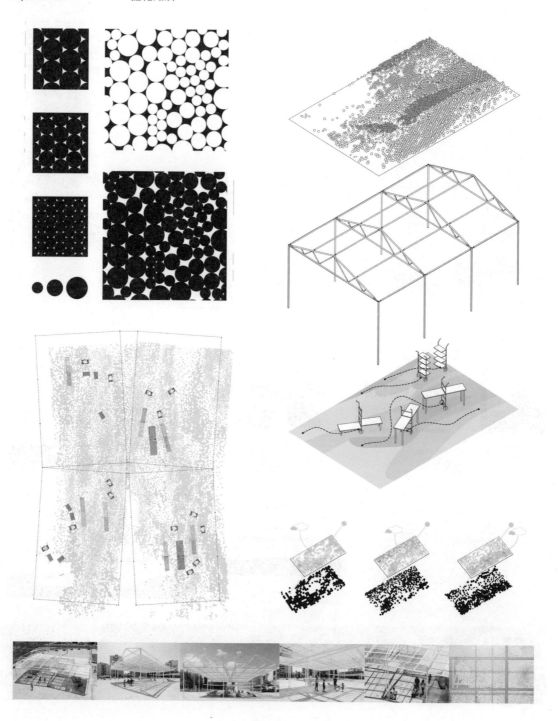

图 4-78

Naman Villa

Naman别墅

图片来源于http://www.archdaily.com/

Architects: MIA Design Studio
Location: Da Nang, Da Nang, Vietnam
Area: 19800.0 sqm
Project Year: 2015

建筑师：MIA设计工作室
位置：越南岘港
面积：19800.0平方米
项目年份：2015年

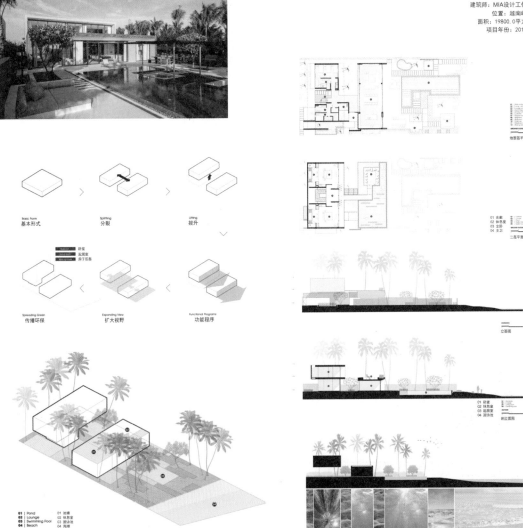

图 4-79

建 筑 室 内 设 计 分 析 图 表 达

Los Angeles Museum of the Holocaust

洛杉矶大屠杀博物馆

图片来源于http://www.archdaily.com/

Architects: Belzberg Architects
Location: Los Angeles, CA 90036, USA
Architect in Charge: Hagy Belzberg
Project Manager: Aaron Leppanen
Structural: William Koh & Associates
Area: 27000.0 sqm
Project Year: 2010

建筑师：Belzberg建筑事务所
地点：美国洛杉矶
建筑负责人：Hagy Belzberg
结构：William Koh和Associates
面积：27000.0平方米
项目年份：2010

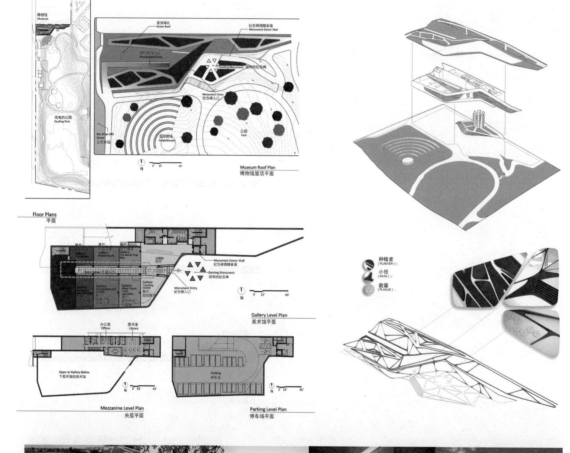

图 4-80

马萨诸塞大学艺术设计学院学生宿舍

Architects: ADD Inc.
Location: Boston, MA, USA
Area: 145600.0 ft2
Project Year: 2013
Photographs: Chuck Choi, Lucy Chen, Peter Vanderwarker

建筑师：ADD公司
地点：美国波士顿马萨诸塞
面积：145600.0平方英尺
项目年份：2013
摄影：Chuck Choi, Lucy Chen, Peter Vanderwarker

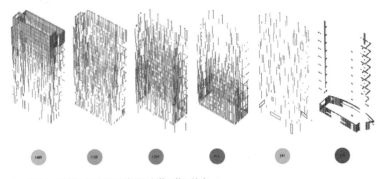

The facade contains over 5,500 metal panels, 5 custom colors, 5 panel widths, and 5 panel depths.
The colors get progressively lighter toward the top.
表皮包含了5500块金属面板，5种自定义色彩，5种面板宽度和5种面板深度。
颜色朝顶部逐步变浅。

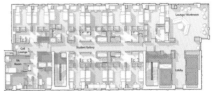

Color schemes in two floor groupings
在二楼分组的色彩方案

STUDENT LOUNGES
学生休息室

图 4-81

Afsharian's House

Afsharian 的住宅

图片来源于http://www.archdaily.com/

Architects: ReNa Design
Location: Kermanshah, Kermanshah, Iran
Architect in Charge: Reza Najafian
Area: 600.0 sqm
Project Year: 2013

建筑师：RENA设计
地点：伊朗克尔曼沙阿
建筑负责人：Reza Najafian
面积：600.0平方米
项目年份：2013

Process Diagram...
流程图...

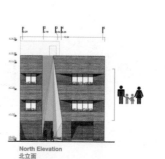 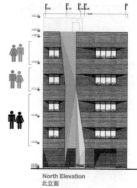

Today's House...
目前的住宅...

Tomorrow's Apartment...
未来的公寓...

North Elevation
北立面

Today's House
目前的住宅

North Elevation
北立面

Tomorrow's Apartment
未来的公寓

Ground Floor 地面层

1st. Floor 1层

2nd. Floor 2层
Scale : 1/150

3rd. Floor 3层

4th. Floor 4层

 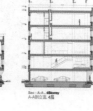  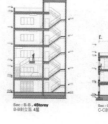 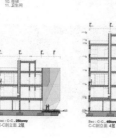 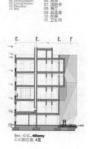

Sec : A-A .2Storey
A-A剖立面 2层

Sec : A-A .4Storey
A-A剖立面 4层

Sec : B-B .2Storey
B-B剖立面 2层

Sec : B-B .4Storey
B-B剖立面 4层

Sec : C-C .2Storey
C-C剖立面 2层

Sec : C-C .4Storey
C-C剖立面 4层

图 4-82

Brillhart House

布里尔哈特住宅

Architects: Brillhart Architecture
Location: Miami River, Miami, FL, USA
Area: 1500.0 ft2
Project Year: 2014

建筑师：布里尔哈特建筑事务所
地点：美国佛罗里达州迈阿密河
面积：1500.0平方英尺
项目年份：2014

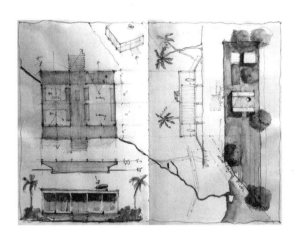

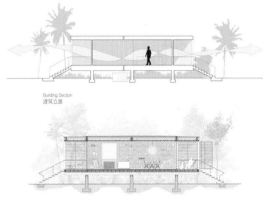

Building Section
建筑立面

MATERIAL ASSEMBLES/INNOVATIONS: KIT OF PARTS   材料组件/创新：部分套件

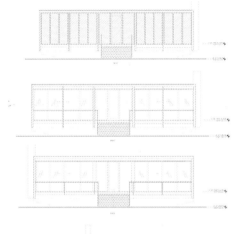

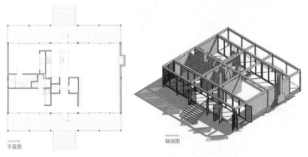

平面图

轴测图

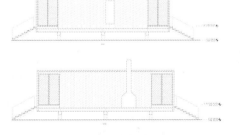

图 4-83

建筑室内设计分析图表达

交通办公空间

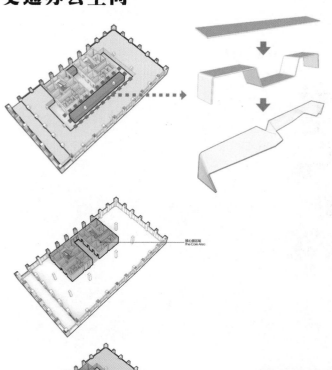

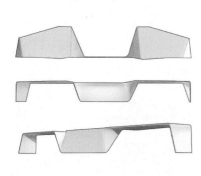

Architects: CAA
Location: Beijing, China
Architect in Charge: Liu Haowei
Area: 2400.0 sqm
Project Year: 2015
Photographs: CAA

建筑师：CAA建筑事务所
地点：中国北京
建筑师负责人：刘豪伟
面积：2400.0平方米
项目年份：2015
摄影：CAA

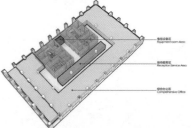

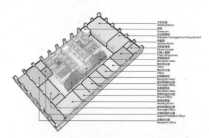

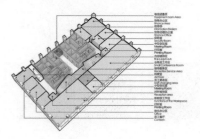

图 4-84

Brentwood Residence / Belzberg Architects

布伦特伍德公寓

Architect: Belzberg Architects
Location: Los Angeles, California, USA
Project Area: 12,083 sqf
Project Year: 2007

建筑师：Belzberg建筑事务所
地点：美国加利福尼亚州洛杉矶
项目面积：12083平方英尺
项目年份：2007

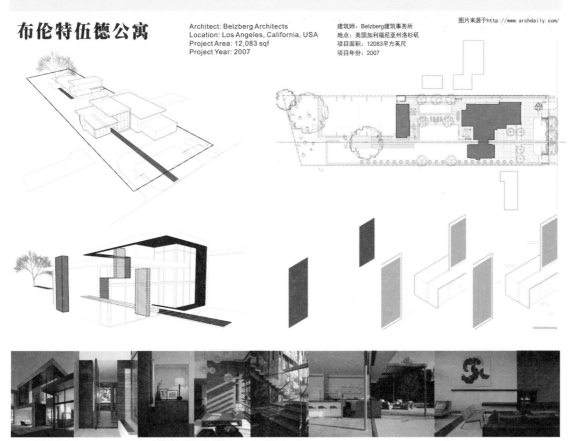

Les Bébés Cupcakery   Les Bébés 纸杯蛋糕

Architects: JC Architecture
Location: Taipei, Taiwan, China
Architect in Charge: JC Architecture
Design Team: Johnny Chiu, Nora Wang, Sunny Sun
Area: 56.0 sqm
Project Year: 2012
Photographs: Kevin Wu

建筑师：JC建筑事务所
地点：中国台湾台北
建筑师负责人：JC建筑
设计团队：乔约翰，王诺拉，孙诺
面积：56.0 m²
项目年份：2012
摄影：吴凯文

Concept 概念

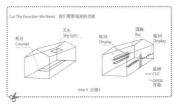

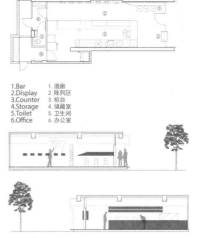

1.Bar
2.Display
3.Counter
4.Storage
5.Toilet
6.Office

1. 酒廊
2. 陈列区
3. 柜台
4. 储藏室
5. 卫生间
6. 办公室

图 4-85

建筑 室 内 设 计 分 析 图 表 达

CHILDREN RESTAURANT INTERIOR DESIGN

乐享空间·儿童餐厅室内空间设计

作者：崔海娟、杨美玲
云南师范大学美术学院设计系2012级

区位分析

设计分析

空间交通流线分析

中心疏散区

随着人们生活水平的提高，体智饮食文化特色逐渐成为越来越多人的追求，在这种背景下主题餐厅应运而生。儿童是一个巨大的消费群体，然而，儿童主题餐厅市场相对滞后。

发展前景

儿童餐厅在服务已经发展成为一个成熟的行业，有多家大型公司在进行市场的运营，在国内，儿童餐厅市场还尚待在小微分领域试试前期的。以消费快乐为前提的儿童餐厅，使家庭可以在餐厅内更好的来享受餐，养大人与孩子的感情，必将会发展成为一个较大的市场。

菜品设计

大人类和儿童类
中餐、西式快餐、西式正餐
营养、荤蔬菜、价值感

儿童餐厅
Children's dining room

运营模式

由于儿童餐厅特可扩展性及服务对象的特殊性，儿童餐厅可以和多个行业进行混合运营，进行资源和商户的合理整合。

服务对象

第一级务对象：儿童
第二服务对象：儿童陪同的家庭

年龄定位

3-12岁的儿童

装修风格

儿童类及游乐节
暖色体现欢乐氛围
动感分区儿童用餐轻松

工作人员流线

顾客流线

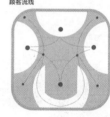

消费人群分析

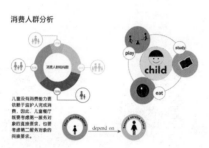

儿童没有消费能力费依赖于监护人完成消费，因此，儿童餐厅既要考虑第一服务对象的直接要求，也要考虑第二服务对象的间接要求。

营养元素分析

作为一个综合性的儿童主题餐厅，在时间、空间、环境、食物的制约下，让儿童身体、智力和心情得以健康发展。

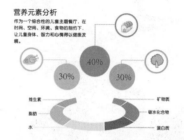

元素推导

- 圆润、跳跃、活泼
- 随意、轻松、流动
- 自然、趣味、抽象

元素的平面应用

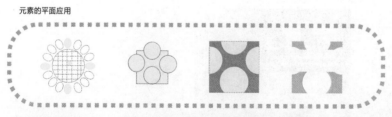

图4-86（一）

建筑室内设计分析图表达

两代居房屋格局对比设计

作者：韦煜
云南师范大学美术学院设计系2010级

更加明确的人群定位
More clear positioning

三代同堂　　双亲与子女　　丧偶老人与子女

更加明确的居住需求
More clear requirements

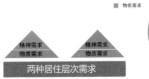

■ 精神需求
■ 物质需求

安全感　归属感
自我实现　被人尊重
衣食住行

精神需求 / 物质需求　　精神需求 / 物质需求

两种居住层次需求

更加明确的单层层高
More clear the floor height

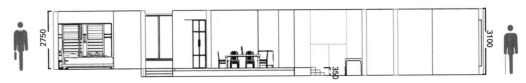

更加明确的人群特征
More population characteristics of clear

老人生活需求　　青年生活需求

通过前期的调查·分析，我们总结出现阶段两代居的状况，并且得出更加明确的人群划分。以及不同年龄段人群的需求层次。

从以上结论

我们得出了以下两代居共用空间的模数化模型

三代同堂与双亲与子女模式"两代居"住宅模数化：

餐厅与阳台的共用

其他区域为独立空间

三代同堂与双亲与子女模式"两代居"住宅模数化：

餐厅与阳台的共用

其他区域为独立空间

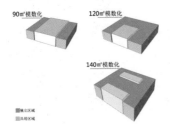

■独立区域
□共用区域

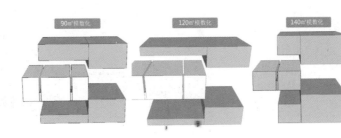

图4-89（二）

两代居房屋格局对比设计

作者：韦煜
云南师范大学美术学院设计系2010级

现阶段的"两代居"住宅，并没有对住房空间进行合理的模块规划，并且没有对于当下国内处于朝阳产业的复式楼进行"两代居"住宅的规划。本选题的创新点在于：在现有的"两代居"住宅空间配置上，进行有目的的空间整合以及空间模数化的研究，并且在楼层层高上，做出调整，可以有效的解决现有两代居住宅使用面积浪费，楼层层高的不合理性，两代人感情交流少的问题。同时，增加了现阶段国内蓬勃发展的复式住宅改造为"跃层式两代居"住宅可能性的探索，空间延伸性探索。

推导如下：

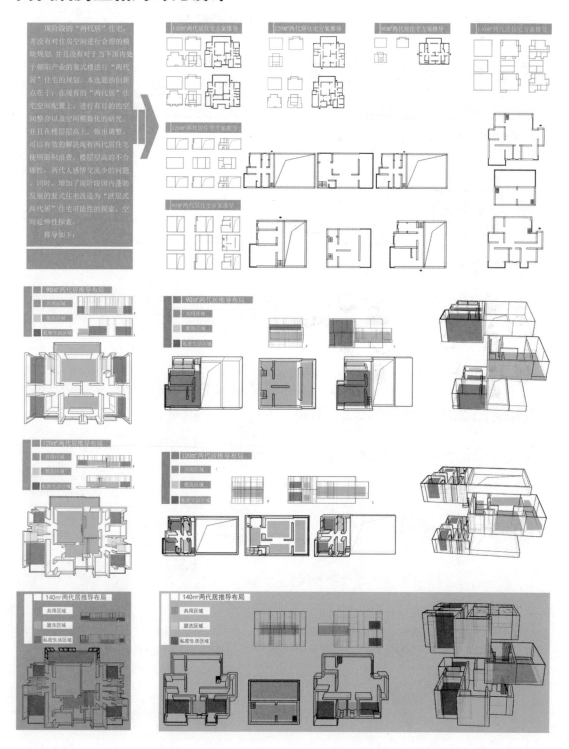

图4-90（三）

建 | 筑 | 室 | 内 | 设 | 计 | 分 | 析 | 图 | 表 | 达

CHILDREN READING EXPERIENCE MUSEUM

儿童阅读体验馆室内空间设计

作者：何静禅
云南师范大学美术学院设计系2011级

设计背景
The design of the background

● 电子书籍对实体书店的冲击
● 网上书店对实体书店的冲击

电子书的优点

电子书的缺点

传统书籍的优点

传统书籍的缺点

你认为实体书店最突出的意义？

● 我国图书人均购买量和占有率比不上西欧国家

读书、购书环境不规范环境设计缺乏吸引力
Reading books, environmental inspiration Environmental design non-standard design

可以通过对环境的设计，给人们带来一种趣味性的体验生活，让人们爱读书
You can design for the environment, Give people an interesting The experience of life, be people love reading.

● 为什么做儿童书吧？

● 儿童作为特殊的群体需要被关注
As a special group of platform need to be paid attention of

● 儿童缺少一个好的阅读场所和氛围
Children lack a good reading environment and atmosphere

● 电视和网络对儿童的影响
The influence of television and the network for children

● 功利性阅读思想破坏儿童阅读兴趣
Utilitarian reading thought destroy Children Children's interest in reading

对象调研
The object of investigation

所针对的年龄段

● 3-6岁（年龄较小，对家长的依赖性比较强，专注力短暂）亲子阅读，以家长讲故事为主
● 6-8岁（亲子阅读走向独立阅读的一个阶段，想象力发展迅速）可亲子阅读，也可自主阅读，演故事剧等
● 9-12岁（追求独立性和主动性，体现在逻辑、思考、推理和判断上。）可自主阅读，也可以给低年龄的小朋友讲故事，演故事剧等

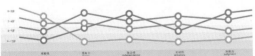

建筑定位
The object of investigation

● 区位分析

图4-91（一）

儿童阅读体验馆室内空间设计

作者：何静禅
云南师范大学美术学院设计系2011级

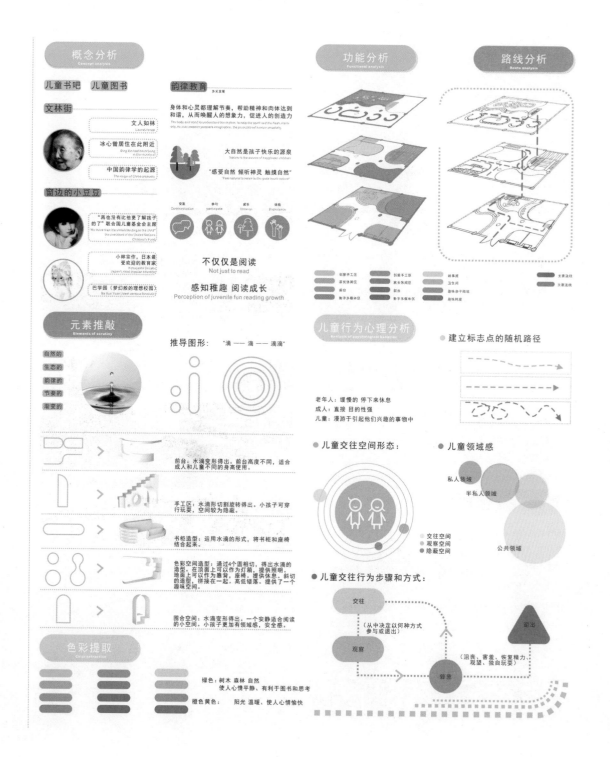

图 4-92（二）

大学毕业生公租房室内模数系统配套设计

作者：王晨雅
清华大学美术学院环境艺术设计系2010级研究生

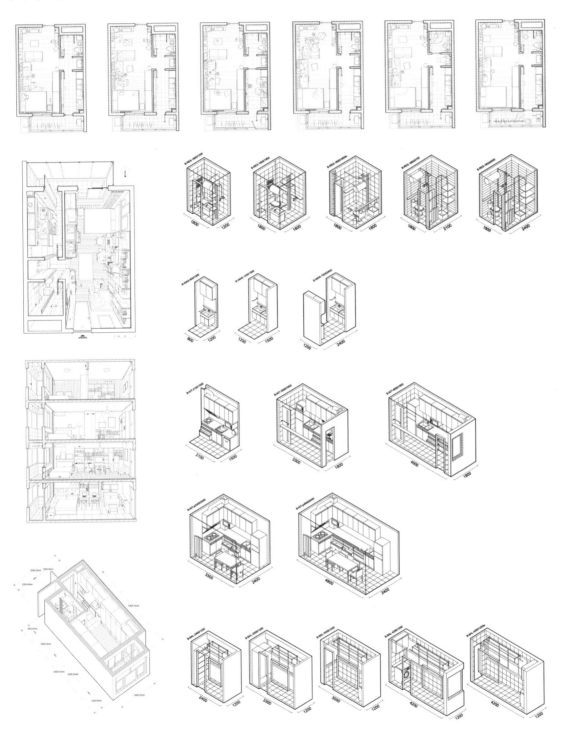

图 4-93（一）

大学毕业生公租房室内模数系统配套设计

作者：王晨雅
清华大学美术学院环境艺术设计系2010级研究生

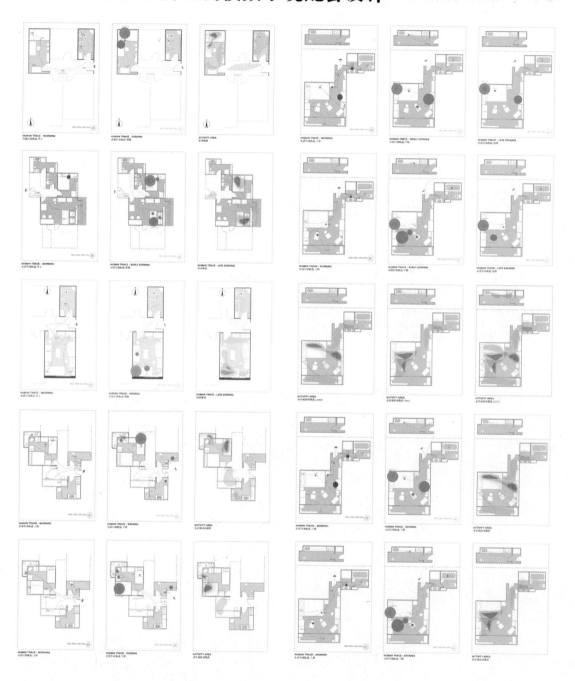

图4-94（二）

| 建 | 筑 | 室 | 内 | 设 | 计 | 分 | 析 | 图 | 表 | 达 |

大学毕业生公租房室内模数系统配套设计

作者：王晨雅
清华大学美术学院环境艺术设计系2010级研究生

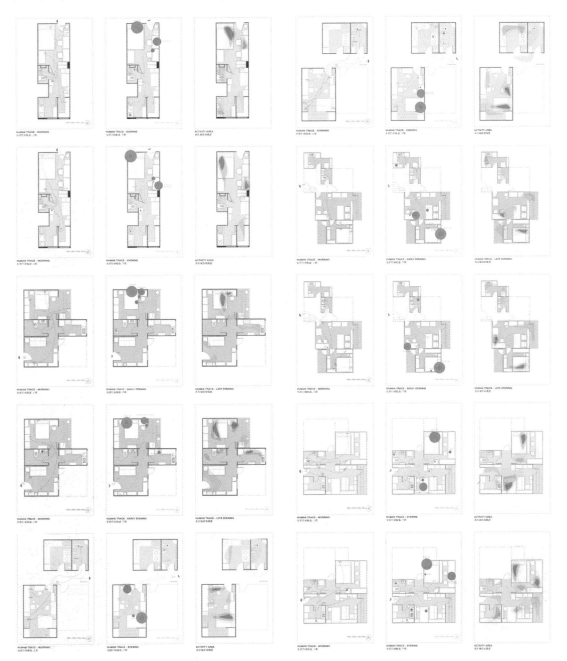

图4-95（三）

建筑室内设计分析图表达

藤居·云南腾冲地域性住宅建筑及室内空间设计

作者：齐荣、杨丽丹
云南师范大学美术学院设计系2012级

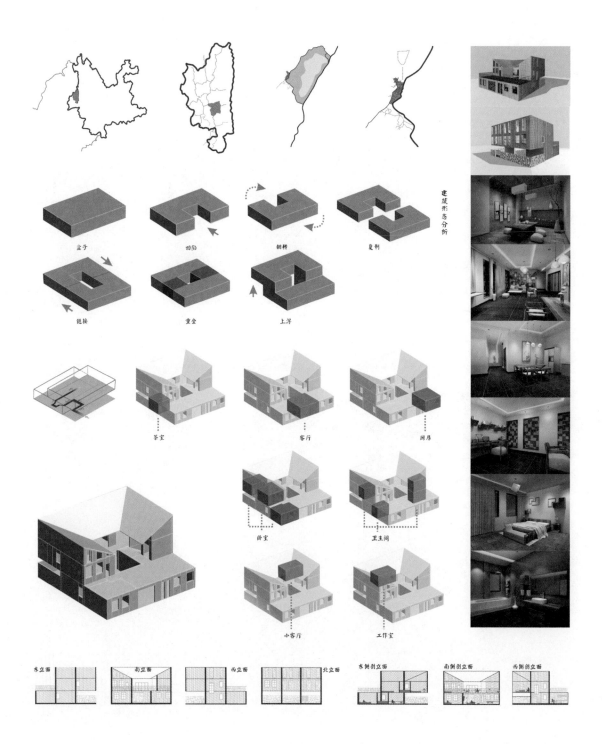

图 4-96

建 筑 室 内 设 计 分 析 图 表 达

ENCOUNTER CORNER

邂逅之隅

大理双廊SPA会所室内空间及庭院景观设计
DALI SHUANGLANG SPA CLUB INTERIOR AND LANDSCAPDESIGN

作者：刘丹
云南师范大学美术学院设计系2012级

主要消费群体分析
THE MAIN CONSUMPTION GROUP IS ANALYZED

一层平面布局图
FAST PLAN

二层平面布局图
SECAND PLAN

建筑俯视图
ARCTECTURE PLAN

一层室内空间分隔图
FAST PLAN

二层室内空间分隔图
SECAND PLAN

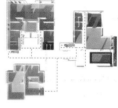

一层交通流线图

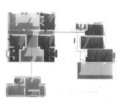

二层交通流线图

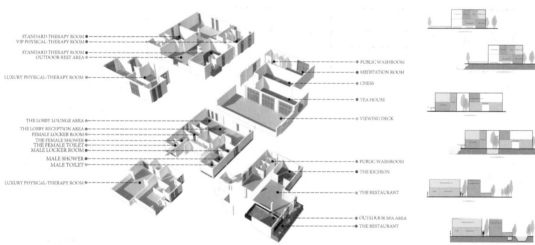

功能空间分布及面积图
FAST PLAN

图 4-97

|建|筑|室|内|设|计|分|析|图|表|达|

BEADHOUSE ARCTECTURE LANDSCAP AND INTERIOR REFORM DESIGN

玉茗夕晓·养老院建筑、景观及室内空间改造设计

作者：马建辉、刘晓龙、申亚杰
云南师范大学美术学院设计系2012级

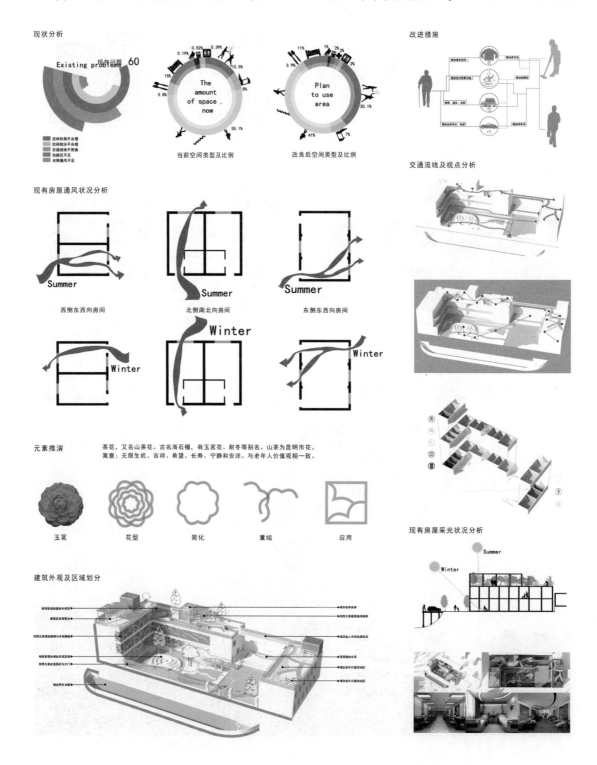

图4—98

云南民族博物馆设计

作者：黄浩、董凯丽、杨莉、郭馨阳
云南师范大学美术学院设计系2010级

概念分析推演

云 "凸"

云南是个多民族大杂居的地区，独特的环境地貌造就了其独有的建筑结构体系。由云南民族传统民居建筑中的干栏式建筑的内部结构 "凸"，结合民族博物馆建筑外形形成内部 "凸" 空间。

Cloud "凸"

Yunnan is inhabited by a large multi-ethnic region, creating a unique environment for its unique landscapes architectural architecture. From Yunnan Nationalities traditional dwellings in the dry-column internal structure of the building, "凸", combined with the formation of the national Museum is inside "凸" space.

云土

云南地区地形复杂多样，但以山地丘陵居多，自然生态丰富多样，人、建筑和自然可以做到三位一体，和谐共存。
建筑设计结合云南主要的自然地貌形态和梯田形态，使其融入民族博物馆的造型中。

Cloud soil

Yunnan region complex and varied terrain, mountains and hills but a lot of people, architecture and nature can live with each other. The main architectural design combined with the natural topography and morphology terraces in Yunnan, their integration into the national museum of modeling.

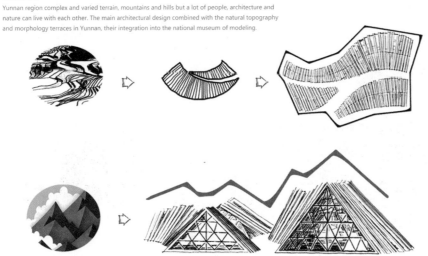

图 4-99（一）

云南民族博物馆设计

作者：黄浩、董凯丽、杨莉、郭馨阳
云南师范大学美术学院设计系2010级

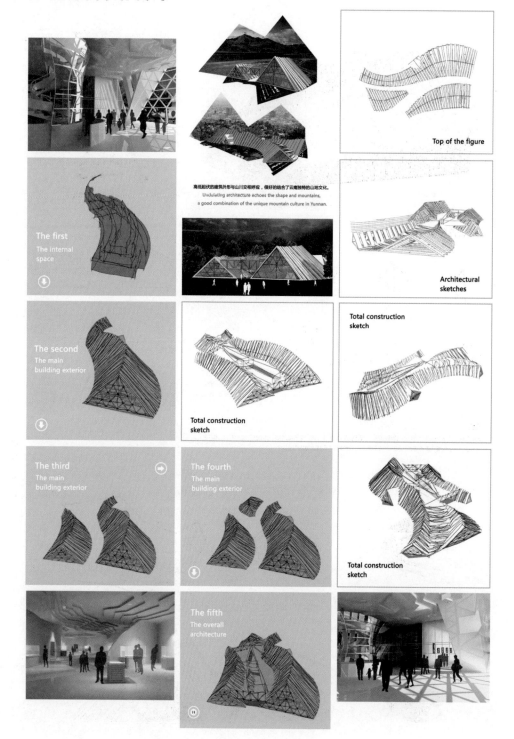

高低起伏的建筑外形与山川交相呼应，很好的结合了云南独特的山地文化。
Undulating architecture echoes the shape and mountains,
a good combination of the unique mountain culture in Yunnan.

Top of the figure

Architectural sketches

Total construction sketch

Total construction sketch

Total construction sketch

The first
The internal space

The second
The main building exterior

The third
The main building exterior

The fourth
The main building exterior

The fifth
The overall architecture

图 4–100（二）

YUNNAN NATIONALITIES MUSEUM DESIGN

云南民族博物馆设计

作者：黄浩、董凯丽、杨莉、郭馨阳
云南师范大学美术学院设计系2010级

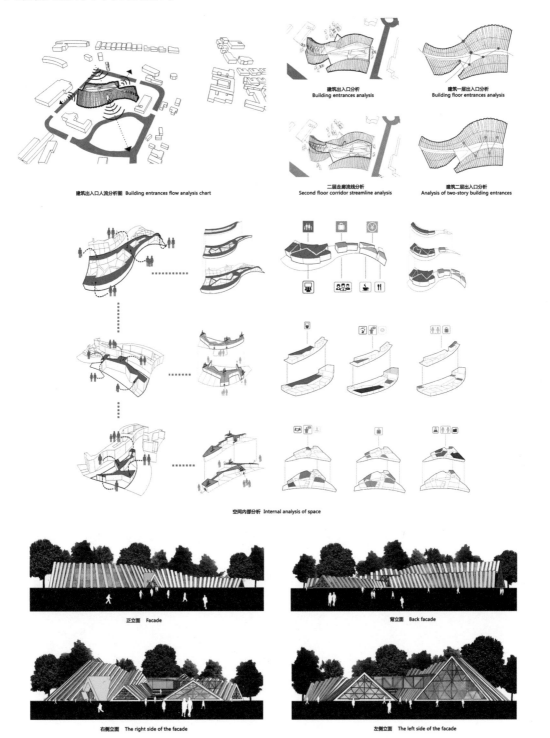

建筑出入口人流分析图 Building entrances flow analysis chart

建筑出入口分析
Building entrances analysis

建筑一层出入口分析
Building floor entrances analysis

二层走廊流线分析
Second floor corridor streamline analysis

建筑二层出入口分析
Analysis of two-story building entrances

空间内部分析 Internal analysis of space

正立面 Facade

背立面 Back facade

右侧立面 The right side of the facade

左侧立面 The left side of the facade

图 4-101（三）

建｜筑｜室｜内｜设｜计｜分｜析｜图｜表｜达

参考文献

[1] 苏丹. 工艺美术下的设计蛋 [M]. 北京：清华大学出版社，2012.

[2] 刘延川，AA 中国同学会. 在 AA 学建筑 [M]. 北京：中国电力出版社，2012.

[3] [日] 木村博之. 图解力：跟顶级设计师学作信息图 [M]. 北京：人民邮电出版社，2013.

[4] [日] 松下希和. 装修设计解剖书 [M]. 海口：南海出版公司，2013.

[5] [加] Mark Smiciklas. 视不可挡：信息图与可视化传播 [M]. 北京：人民邮电出版社，2013.

[6] 何洁，叶苹. 信息图表设计 [M]. 上海：上海人民美术出版社，2013.

[7] 凤凰空间. 创意分析——图解建筑 [M]. 南京：江苏人民出版社，2012.

[8] 凤凰空间. 创意分析——图解景观与规划 [M]. 南京：江苏人民出版社，2013.